ZIYUAN HUANJING YUESHUXIA
ZHONGGUO CHENGSHIHUA XIAOLV
JI CHENGSHI LVSE FAZHAN YANJIU

卢丽文／著

资源环境约束下
中国城市化效率测度
及城市绿色发展研究

U0390744

中国财经出版传媒集团

经济科学出版社
Economic Science Press

图书在版编目（CIP）数据

资源环境约束下中国城市化效率测度及城市绿色发展研究/卢丽文著. —北京：经济科学出版社，2018.11

ISBN 978 - 7 - 5141 - 8826 - 4

Ⅰ. ①资… Ⅱ. ①卢… Ⅲ. ①城市化-城市环境-生态环境-环境资源-研究-中国 Ⅳ. ①X321.2

中国版本图书馆 CIP 数据核字（2017）第 309843 号

责任编辑：顾瑞兰
责任校对：杨　海
责任印制：邱　天

资源环境约束下中国城市化效率测度及城市绿色发展研究

卢丽文　著

经济科学出版社出版、发行　新华书店经销

社址：北京市海淀区阜成路甲 28 号　邮编：100142

总编部电话：010-88191217　发行部电话：010-88191522

网址：www. esp. com. cn

电子邮件：esp@ esp. com. cn

天猫网店：经济科学出版社旗舰店

网址：http://jjkxcbs. tmall. com

北京财经印刷厂印装

880×1230　32 开　8.75 印张　200000 字数

2018 年 12 月第 1 版　2018 年 12 月第 1 次印刷

ISBN 978 - 7 - 5141 - 8826 - 4　定价：49.00 元

序

　　资源环境问题已经成为世界性问题，绿色发展是一种从传统的高消耗、高排放为代价的传统粗放模式向以质量与效率为中心的资源节约、环境友好的创新模式转变。中国的高速城市化取得了巨大的成绩，城市化水平从 1978 年的 17.92％ 上升至 2017 年的 58.52％，城市在国民经济发展中已经居于主体地位。但是长期以来，我国的"高投入、高消耗、高污染、低质量、低效益"的粗放型经济发展模式在我国城市化过程中也同样存在，资源短缺和资源浪费现象并存，生态环境受到巨大的冲击。推动城市化发展不能片面强调速度与水平高低，还应关注城市化效率问题。在我国城市化进入战略转型期，大力推动建设新型城镇化的新形势下，城市化效率与城市绿色发展成为当前需要关注的热点问题。

　　基于此，卢丽文博士撰写了《资源环境约束下中国城市化效率测度及城市绿色发展研究》。该书从资源环境的视角关注了我国城市化效率与城市的绿色发展。纵观全书，我认为有以下特点：

　　一是选题视角新颖。随着我国人口红利、资源红利、环境红利的逐步消失，中国经济进入新常态，发展方式从规模速度粗放型转向质量效率型集约增长。但是长期以来，人们关注于城市化的"量"的增长，而忽视城市化的效率，即"质"的提高，关于城市化效率研究成果也较为有限，从资源与环境的角度进行城市化效率的研究就更少。该书基于效率的测度，将城市化质量、城市化环境、城市化资源问题转化为经济问题，为绿色发展评价研究提供新的理论视角和分析工具。

二是建立了绿色城市化效率分析框架和结构。该书从机理探讨—实证分析—政策建议研究的思路展开，将城市化过程看成是一个经济生产活动过程，通过整合城市经济增长理论、资源经济学理论、环境经济学与城市化发展理论等相关理论，将城市经济、城市资源、城市环境与城市化发展纳入一个统一的分析框架，构建了绿色城市化效率与绿色城市评价理论与方法体系。

三是理论研究与实证分析结合紧密。该书梳理了城市化与经济增长作用机制、资源约束影响城市化的机理、环境约束对城市化的影响机理，在此基础上，运用 VAR 时间序列分析、空间面板数据回归分析、弹性分析、计量回归模型等多种定量方法对城市化与经济增长的互动效应、资源与城市化发展约束效应、环境与城市化的胁迫效应进行了实证分析。在构建城市化效率分析框架的基础上，构建了一个考虑了资源与环境要素的城市化效率评价指标体系，运用 DEA 数据包络分析对中国绿色城市化效率与绿色城市效率进行测度分析。

该书的出版，为中国新型城镇化建设、城市经济的绿色转型与践行绿色发展理念无疑具有重要参考意义！

邓宏兵

中国地质大学（武汉）经济管理学院教授、博导

2018 年 11 月于武汉

目　录

第 1 章

绪　　论

1.1　研究的背景与意义

1.1.1　研究背景

城市是工业和商业中心，创造大量的商业与就业机会，吸引大量的人力资源和企业资源的集聚，推动创新、技术、新思想的产生从而促进生产率水平的提高，所以城市一直成为财富和政治的中心。据世界联合国组织统计，全球 80% 的经济增长是由城市产生。世界的城市化趋势不可逆转，据联合国经济与社会事务部门预测，到 2050 年，世界人口将增加 23 亿，而城镇人口将增加 26 亿，其中，亚洲预计增加 14 亿。未来，城镇人口的增长主要发生发展中国家与地区，发达国家城镇人口将会适度增长，从 10 亿增加到 11 亿。世界人口的城镇化率将达到 67%，其中，发达国家城镇化将达到 86%，发展中国家城镇化率将达到 64%（见图 1 - 1）。发达国家在城市化水平达到

— 1 —

70%以后出现了较为平稳的增长，大多数发达国家已经进入了城市化第三阶段，城市化研究的焦点转向正在快速城镇化的发展中国家。新中国成立以来，我国城市化进程大体符合"诺瑟姆曲线"规律，从新中国成立到改革开放，城市化进程曲折缓慢，改革开放之后，中国开始走快速城市化发展道路，1978~1995年，每年平均约以2.89%的速度增长，1996年，城市化水平提高到30%以上，进入了快速提升阶段，直至2012年，每年平均约以3.56%的速度增长。总体来说，我国现阶段正处于城市化加速阶段。

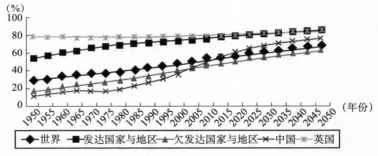

图1-1 1950~2050年城市化水平与预测

资料来源：United Nations，World Urbanization Prospects The 2011 Revision.

改革开放以来，我国城市人口增加了约5.4亿，城市化水平从1978年的17.92%，增加到2012年的52.57%。2011年末，我国共有658个设市城市，19683个建制镇，中国城镇化带来了显著的成果。2011年，287个地级市城市市辖区国内生产总值占到全国国内生产总值的61.97%，城市的集聚效应推动了经济增长效率提升，极大地促进了我国经济的发展，可见，城市经济已经成为我国经济的区域经济与国家经济的主体形态。李克强总理2012年在会见世界银行行长金墉指出："中国已进入中等收入国家行列，但发展还很不平衡，尤其是城乡差距量大面广，差距就是潜力，未来几十年最大的发展潜力在城镇化。"可以说，城市化将是中国未来十年甚至更长时间内的一大发展主题。

城市在国民经济发展中已经居于主体地位，城市创造的GDP已经占到我国 GDP 总值的 70% 以上，科技力量的 90%、税收的 80% 以上都集中在城市（程俐骢，2011）。近年来，中国的城市化与经济实现了快速增长是不争的事实，但是也有学者将这种高增长归因于高投入，忽略环境成本，低估环境资产，发展效率低下，甚至对中国的城市化提出了质疑。有学者认为，我国的城市化是伪城市化、不完全城市化，随着城市化的推进，大量的农村剩余劳动力在城市中工作与居住，并统计为城市人口，但是无法享受城市的各类社会福利待遇和政治权利。还有学者认为，中国成功的经济发展模式是建立在利用大量廉价剩余劳动力、大规模的资本投资和规模经济生产低附加值的商品，但是随着人口结构的变化，这种增长方式已经失去了功效。加速人口城镇化的政策，是在用胡萝卜与大棒的方式让 2 亿农民从农村迁往城市，但这并不能改变成本结构上升的趋势，在户口政策的限制下，农村居民不能享受城市的社会服务，中国还没有给大约 2.5 亿农民工同等的城市待遇。另外，环境的恶化是资本密集型、忽视发展模式外部性的附属品，污染的空气、水、土地以及在污染的环境中生产的食物都在影响着城市生活质量的提高。米勒在《中国十亿城民》一书中指出，如果中国的城市化持续陷入方向性错误中，那么中国将浪费另一个 20年，停滞在死气沉沉的中等收入国家层面，并逐渐衰落；中国的城市也很有可能被散布在各处的贫民窟弄得像一张张长满了痤疮的脸。

2013 年《投资蓝皮书》指出，预计中国总人口到 2030 年达到 15 亿，中国的城市化水平将达到 70%。这就意味着，到 2030 年中国的城市人口将超过 10 亿，将有 3 亿人口从农村迁移至城市生活。大规模的人口转移对中国城市的承载力提出了较高的要求，我国城市化的发展将面临比其他的国家更大的挑战与压力。当下，我国开始进入快速城市化阶段，在这一时期，我国的城市化确实取得了较大的成绩，拉动城市经济的增长，人们生活水平的提高，但是，同时也应看到，随着支撑中国经济的要素发生变化，人口、资源、环境红利逐步消失，而且我国的城市化面临着世界资源短缺、生态破坏和环境污染加重，全球将对污染和排放做出严格的控制和限定。此外，城市化是必然趋势，人口众多的发展中国家和地区都处于城市化的加速阶段，全球城市人口大量增加必然带来更多的资源消耗与排放来支撑城市的建设与发展，这将加剧对全球资源的竞争与争夺，进一步加剧世界资源的短缺。我国人口众多，人均资源拥有量远低于世界平均水平，加上我国正处于工业化与城镇化加速发展阶段，资源消耗量巨大，自身的资源难以满足发展的需求，因此，传统的"高消耗、高投入、高污染、低产出、低效益"粗放型发展模式已经难以为继。资源问题、环境问题是我国城市化进程中的重大挑战，是我国城市发展转型面临的首要问题，关系着我国经济社会与城市化的可持续发展。

1.1.1.1 城市化过程中的资源问题

诺贝尔经济学奖获得者克鲁格曼就曾指出，"亚洲取得了卓越的经济增长率，却没有与之相当的卓越的生产率增长。

它的增长是资源大量投入的结果，而不是效率的提升"。1996
年，克鲁格曼预测"东亚奇迹"的发展模式是不可持续的，
潜伏着巨大的危机。发改委副主任张晓强在 2013 年的博鳌亚
洲论坛就指出，2012 年，中国消费了世界一半的钢材、水泥
和煤炭，造成二氧化碳和二氧化硫的排放都是世界最大的，
但是中国 2012 年的 GDP 只占世界的不到 12%。我国资源的
粗放利用模式未根本改变。以土地资源为例，2001~2011 年，
我国城市用地扩展增长 72.43%，但是同期，城镇人口却只增
长 43.72%，人口城镇化率只增长 13.61%，人口的城镇化滞
后于土地的城镇化。很多城镇呈现"摊大饼"的粗放扩展模
式，大量的耕地、基本农田被征用为城镇建设用地，而且在
自然条件好的地区更利于城镇的发展，因此，很多城镇都是
建在适宜耕作的土地上，建设用地侵占了大量的耕地，而且
这种现象还在继续。这种开发是不可逆的，这意味着我们在
花掉为子孙后代留下的储蓄，限制了后代人的选择。根据全
国工商联调研得出的数据，1995~2010 年，中国小产权房竣
工建筑累计达到了 7.6 亿平方米，很多农民变种地种菜为种
房，大量的农用耕地被征收或者征用，产生了大量的失地农
民。房地产快速发展，产业并没有相应跟进，一些城市成为
"鬼城"。2014 年，国土资源部明确规定，原则上 500 万人以
上城市将不再安排新增建设用地。城市土地资源瓶颈的制约
越来越明显。除了城市化进程中土地资源问题，水资源问题
也日益严峻。据水利部公布的数据显示，我国有 2/3 的城市
存在供水不足的问题，一些北方城市水资源的供给不足成为
制约其经济社会发展的重要瓶颈之一。一些城市由于地表水
供给不足，过度开采地下水成为普遍现象，随之带来的地面沉

降、土地沙化问题加重，恶化城市生态环境，阻碍城市的健康发展。随着城市化水平的提高，城市人口增加与城市经济的发展，以及人类活动造成的水环境恶化，我国城市水资源短缺问题是我国城市化进程中面临的重大挑战之一。随着我国工业化的推进、城市化水平的提高和居民生活水平的提高，能源消费需求不断攀升，工业化与城市化过程中我国面临着日益加重的能源缺口问题，能源约束日益加剧。从图 1 - 2 中可以看出，我国城市化率与能源缺口均呈现快速增长的趋势，根据统计数据显示，1992 年，我国开始出现能源缺口，1993 ~ 1997 年，受亚洲金融危机的影响，能源缺口缩小，但从 2002 年以后能源缺口快速增长，这就意味着，我国很大的能源需求需要由国外市场来满足，一旦国际形势发生重大变化，我国经济社会发展将受到重大的影响，能源约束不断趋紧。

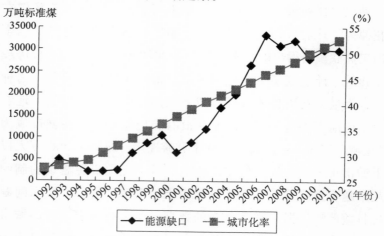

图 1 - 2　1992 ~ 2012 年中国能源缺口与城市化率趋势

数据来源：城市化率来源于《中国统计年鉴》，能源缺口根据《中国统计年鉴》数据自行计算。

1.1.1.2 城市化过程中的环境问题

人口在城市的集聚，生活、生产活动集中对城市的环境带来较大的压力。世界资源学会指出，全球70%的CO_2排放来自城市，世界的城市每年产生13亿吨垃圾。城市水污染严重和水资源短缺并存，空气污染加剧，城市噪声污染严重，影响着居民的身体健康，甚至危及人类生命安全。住建部的调查数据表明，我国有1/3以上的城市正在遭受"垃圾围城"，累计侵占土地75万亩。近几年，我国也频发环境污染事件。2012年，广西龙江河河段发生重金属镉严重超标的水污染事件，直接危及下游沿江群众的饮水安全，市民出现恐慌性囤水购水。据统计，我国70%以上的江河湖泊都遭到污染，70%以上的城市出现雾霾，2013年，我国遭遇了史上严重的雾霾天气，波及25个省份，100多个大中型城市，全国平均雾霾天数达29.9天，雾霾发生频率之高、波及面之广、污染程度之严重前所未有，严重影响了人们的生活与健康。《中华人民共和国国民经济和社会发展第十二个五年规划纲要》提出"实施主要污染物排放总量控制"，城市无疑是具体实施的主体。

1.1.1.3 城市绿色发展是未来城市化的趋势

据联合国环境署2011年发布的《绿色经济报告》中指出，城市人口占世界人口50%，但是却占了60%~80%能源消耗和75%的碳排放量。但是，城市也是高技能人才、先进企业集聚区，是国家的创新中心，是绿色环保技术开发的试验场，同时，能够提供合适规模绿色产品消费市场、绿色基础设施投资市场，因此，城市是实现全球绿色经济的核心（OECD，2011）。赫伯特在给《绿色城市法则》做序中提到，建立可持续发展的绿色城市，能够产生巨大的社会和经济效益。城市绿色发展目前已成为未来城市发展的目标与模式，世界的主要经济体和一些组织机构都纷纷采取了推动城市绿色发展的措施。如：2010 年，经合组织圆桌会议启动了绿色城市计划，将城市绿色增长作为其绿色增长战略的重心，并开展了对法国的巴黎、日本的北九州、瑞士的斯德哥尔摩、美国的芝加哥四个大都市区绿色发展的实证研究（OECD，2011）；加拿大温哥华试图创建低碳经济开发区作为低碳企业、技术、产品和服务的集聚地，计划到2020 年成为世界上最绿色的城市（OECD，2011）；首尔计划采取一种全面的绿色创新战略，将绿色建筑、城市规划和交通行业，提出 2030 年在世界绿色竞争力中处于领先地位（Kamal，L.，2011）。我国的北京提出了"绿色北京"行动计划（2010—2012），通过构建绿色生产、绿色消费和绿色环境体系，建设绿色现代化世界城市。

中国从 20 世纪 80 年代开始，经济发展成为地方官员绩效考核的核心标准，城市化水平作为反映一个地区经济社会发展指标，在中央政府的推动下，加快城市化速度成为很多地方政府的关键战略，使得地方政府更多地关注 GDP 和城镇化发展速度，中国地方政府的目标是产出的最大化，出现了用高投入、高排放、高污染换取高增长的问题，而忽视发展质量。大自然已对城市的高能耗、高污染的发展方式提出了警示，昭示我们发展需要转型、增长需要升级，在资源环境约束下推动城市化，城市绿色发展是中国新型城镇化建设的必然选择。世界资源学会指出，紧凑高效率的城市可以减轻贫困，应对气候变化，使水、能源、交通这类的公共服务变得更方便。世界银行 2013 年年度报告就指出，气候变化是影响经济发展和扶贫工作的一个重大风险，全球变暖将会威胁到过去几十年取得的发展成就，呼吁采取应对气候变化的行动，包括制定城市绿色发展战略。亚洲发展银行指出，由于亚洲城市化面临着速度和规模的双重压力，节约和效率的提高是亚洲国家走绿色城市化道路的关键。

2014 年发布的《国家新型城镇化规划（2014—2020）》就指出，随着城市化的推进，我国"城市病"问题日益突出，出现了一些城市空间无序开发、人口过度集聚，重经济发展、轻环境保护，重城市建设、轻管理服务，交通拥堵问题严重，公共安全事件频发，城市污水和垃圾处理能力不足，大气、水、土壤等环境污染加剧，城市管理运行效率不高，公共服务供给能力不足，城中村和城乡接合部等外来人口集聚区人居环境较差等问题。面对粗放的城市化发展模式带来的资源、环境、社会问题，社会各界意识到推动城市化发展模式转型，提高城市化的质量与效率成为我国走可持续发展道路的必然选择。2011年3月16日发布的《中华人民共和国国民经济和社会发展第十二个五年规划纲要》明确："十二五期间，将积极稳妥推进城镇化，城镇化率从目前的 47.5% 提高到 51.5%。同时，将完善城市化布局和形态，不断提升城镇化的质量和水平。"2012 年的中央经济工作会议提出，要积极稳妥推进城镇化，着力提高城市化质量。2013 年，中央经济工作会议提出，要实现经济发展质量与效率的提高又不会带来后遗症的速度。2013 年 12 月，中央城镇化工作会议提出，推动城镇化要紧紧围绕着城镇化的发展质量，强调要提高人口素质和民生生活质量，提高土地、能源利用效率，改善环境质量。2013 年 12 月 6 日发布的《关于改进地方党政领导班子和领导干部政绩考核工作的通知》中明确强调官员绩效的考核应转变为比发展质量、发展方式和发展后劲上。2014 年 3 月发布的《国家新型城镇化规划（2014—2020 年)》中指出，沿用粗放的城镇化发展模式，会增加产业升级、资源环境恶化、社会矛盾增多等风险，有陷入"中等收入陷阱"的危险，随着国内外环境与条件的变化，城镇化必须要进入以提升质量为主的转型发展阶段。2015 年，十八届五中全会确定了我国"创新、协调、绿色、开放、共享"的发展理念，将引领我国经济社会深刻变革。国家连续出台的关于城镇化方面的政策表明我国城市化发展已到关键的转型期，提升城市化质量与效率已经成为我国经济转型发展的重要历史使命。

1.1.2 研究意义

发展经济学家舒马赫在《小的是美好的》一书中就指出，现代的经济模式是不可持续的，自然资源被视为消耗性收入，而实际上他认为应该视为资本，因为自然资源是不可再生的，最后将会耗尽，同时，大自然对污染的抵抗力也是有限的，人类对"大"的追求是以资源的大量消耗、浪费和环境的破坏为代价，带来的经济的增长是无效率、环境污染以及非人性的工作环境。舒马赫认为从纯技术的角度来看，经济的增长不存在明显的限制，但是从资源环境科学的角度来衡量时，则必然陷入决策性瓶颈，在工业化浪潮的不断挤压下，资源与环境将会成为可持续发展链上最脆弱的环节。我国正经历快速的城市化阶段，中国如此大规模的人口基数，城市化水平如此快速的增长，引起了广泛的关注。但是长期以来，人们关注于城市化的"量"的增长，而忽视城市化的效率，即"质"的提高。把城市化发展片面地理解为城市人口的增加，城市面积的扩展和城市经济的增长。从经济学的角度来说，效率是社会从稀缺的资源获得最大的产出的特性，也就是把有效的资源达到最优的配置以实现最大的产出目的，从而使社会的需求得到最大的满足，或者福利得到最大的提升。推动城市化的发展不能片面地强调速度与水平高低，如拉美一些国家城市化水平程度甚至超过了欧美发达国家的城市化水平，过度的城市化不但没有解决拉美国家的农村与农业问题，也没有推动拉美经济的健康持续发展，反而产生了环境恶化、失业人口增多、通货膨胀严重、贫富两极分化严重、公共服务不足等现象，产生了大量的城市贫民，使拉美国家深陷城市危机。我国的城市化与城市发展应以推动社会发展、资源的节约和环境的友好、人们生活水平与质量的提高为目标，因此，建立一套适合的城市化效率评价体系，对推动我国的资源—环境—经济—社会的协调发展具有重大的战略意义。

从现实的发展角度来看，我国的"高投入、高消耗、高污染、低质量、低效益"的粗放型经济发展模式在我国的城市发展中也同样存在，资源短缺和资源浪费现象并存，生态环境受到巨大的冲击。近年来，我国空气污染、水污染、土壤污染等环境污染事件层出不穷。《2011 年全国城市环境管理与综合整治年度报告》对全国 655 个城市的考核结果显示，城市工业固体废弃物和工业危险废弃物产生量增长迅速，全国公众对城市环境保护的满意率为 66.71%，其中，对空气质量满意率最低，对水环境质量与噪声环境质量满意率也呈下降的趋势，城市水质量问题突出。2013 年以来，我国大部分的中东部城市遭受了持续的雾霾天气，空气污染问题引起了社会各界的广泛关注，为我国粗放的城市化发展模式敲响了警钟，也引发了社会各界对发展质量的深思与要求。因此，探寻提升城市发展质量的对策、引导城市健康高效发展是我国城市化发展转型期的一个亟待解决的重要问题。总体来说，本书可以为我国解决城市化过程中存在的资源环境问题、走城市绿色发展道路提供一定的理论与政策制定依据。

1.1.2.1 理论意义

（1）进一步丰富城市化发展理论研究。本书城市化发展问题转化为经济运行问题，通过整合城市经济增长理论、资源经济学理论、环境经济学与城市化发展理论等相关理论，将经济、资源、环境与城市化发展纳入一个统一的分析框架，探讨了城市化与经济的互动机制、资源对城市化的约束机制、环境对城市化的胁迫机制，对于进一步丰富资源环境经济学、城市经济学的相关研究内容具有重要的意义。

（2）为中国城市经济的绿色转型提供新的理论视角和分析工具。目前，对城市化效率的研究大都以经济效率的评价为主，较少考虑城市的环境污染问题，这显然与我国提出的建设美丽中国、走可持续发展道路的理念不符。本书从投入产出角度评价城市化的发展效率，揭示基于资源环境约束下的城市化发展情况，充分考虑了资源与环境对城市化发展效率的约束，试图创造绿色城市评价标准。

1.1.2.2 实践意义

中国的高速城市化取得了巨大的成绩，但是，中国的资源环境问题也历来备受国际诟病。我国"十二五"规划纲要中明确提出了"绿色发展，建设资源节约型、环境友好型社会"，2013 年 8 月，李克强总理在城镇化研究报告座谈会上强调"推进新型城镇化，就是要以人为核心，以质量为关键，以改革为动力"。十八届三中全会明确提出我国要走新型城镇化道路，"十三五"规划纲要将绿色发展定为通篇的主基调，坚持绿色发展成为"十三五"的重中之重，城市化作为推动我国经济增长和社会发展的一个重要引擎。本书通过测算我国的城市化经济绩效，有助于我们认清城市化的发展不能只看速度，质量才是关键。对城市化效率的探讨并揭示影响城镇化效率的因素，为城市的治理与发展提供分析工具。探讨城市化与环境污染之间的关系，认为若在核算效率时"三废"环境污染因素不加以考虑，忽视环境成本，与我国的生态文明建设的理念是相悖的，考虑了资源环境约束的城市化效率评价为促进中国绿色城市发展提供决策依据，关系到我国城镇化发展道路的选择，避免走入"中等收入陷阱"，有助于迈入城市经济健康发展的行列。对于绿色城市发展战略和可持续发展战略及绿色经济的发展都具有重大的现实意义。

1.2 相关概念研究

1.2.1 效率

效率一词最早源于机械工程学，是指有用功率与驱动功率的比值。逐步引申应用到其他学科与领域，从经济学领域来看，效率是经济学理论与实践中使用较为频繁的一个词，在经济学中有分工效率、竞争效率、动态效率、生产效率、消费效率、配置效率等不同的概念。主流的经济学理论中帕累托效率占有统治地位，帕累托最优效率是经济效率最优的状态，是资源配置的理想情况，没有人能在不使其他人情况变坏的情况下境况变得更好，则说明这项经济活动有效率，提高效率则意味着减少浪费。除主流经济学以外，对效率概念的解释还有认为效率是衡量投入与产出之间关系的指标，并运用于部门效率的测度。本书主要从投入产出的视角，效率的思想是以更少的投入获得更高的产出，反映资源稀缺性和经济人两大经济学前提假设下，人的最优化决策。认为效率是投入产出的比较状态，是最小投入下的最大产出或者最大产出下的最小投入。

1.2.2 城市与城市化

城市虽然是现代社会司空见惯的现象，而其内涵、功能、特点随着社会经济的发展也在不断地演化与变动，以至于有学者认为城市的定义还在争论中。在古语中，城市是"城"与"市"的组合，"城"是为了防卫，"市"是进行交易的场所，突出了城市的防卫与交易的两大重要功能。随着经济的发展，城市的防卫功能削弱直至消失，"城"逐步向人口的集聚地的行政地域概念转变，城市的交易、生产、生活功能逐步增强。关于城市的定义，国内外学者有着丰富的论述，如经济学家巴顿认为，城市是各种经济市场（住房、劳动力、土地等）坐落在有限空间地区内相互交织在一起的网络系统。人文地理学家拉采尔认为，城市是交通便利、人口集中与房屋密集的结合体。

马克思与恩格斯认为，城市是与农村相对应的，是人口、生产、工具、资本、享乐和需要的集中。列宁在《关于德国各政党的最新材料》中指出，"城市的发展要远比农村迅速，城市是经济、政治和人民生活的中心，是前进的动力"。城市在《辞海》中的定义为：规模大于乡村，人口比乡村集中，以非农业活动和非农业人口为主的聚落。综上所述，城市是人口与生产力的集中，是一定区域内经济、政治、文化的中心，在现代经济发展中具有重要的主导作用。

城市化也称为城镇化、都市化，由于城市化研究的多学科性、城市化内容的广泛性和过程的复杂性，城市化内涵丰富，国内外不同学科的学者分别从经济学、社会学、人口学、地理学等角度对城市化的概念进行了诠释。经济学视角认为，城市化是农业经济活动向非农业经济活动转变的过程，强调的是生产要素流动在城市化过程中的作用；社会学认为，城市化是由农村生活方式向城市生活方式转变的过程；人口学认为，城市化是农村人口向城市集聚的过程；地理学认为，城市化是农村地区转变为城市地区的地域空间转变过程（谢文慧，2008）；城市化在《辞海》中的定义为：人口向城市集中，农村地域转变为城市地域的过程。突出的特征为城市数量的增多、城市规模的扩大、城市人口比重的提高。整体来看，城市化真正成为一种世界性的社会经济现象是从工业革命开始的，城市化是社会生产力发展的结果，是人类生产方式、社会生活方式转变的过程。突出的特征是城市数量不断增加，城市人口不断膨胀，城市用地不断扩张，城市经济不断增长。主要包括人口城市化、经济城市化、社会城市化和空间城市化，它主要表现为：①农村人口不断向城市转移；②经济不断向城市集聚、以第一产业为主的农村经济向以第二产业及第三产业的城市经济转变；③农村生活方式向城市生活方式转变，城市的基础设施与公共服务设施不断完善，城市生活水平逐步提高，城市消费能力逐步提升的过程；④农村地域逐步转变为城市地域、城市区域的外围扩张、城市内区域空间利用的集约化与高效化过程；

1.2.3　城市化效率

关于城市化效率的概念起源于路易斯（Lewis，1954）提出的二元经济结构理论，描述了"两个部门结构发展模型"，其核心思想是农村劳动力由效率低的农业部门向效率高的城市工业部门转移。但是城市化效率目前还没有定论，一般指城市化的运行效率，将城市化问题转化为经济运行问题。宏观层面的效率，主要是衡量城市化过程中投入资源是否实现的最优配置，产出效益是否实现了最大化。梁超将城市化效率定义为城市化过程中的人力、财力、土地等资源的投入带来城市化人口、经济、空间及社会等各层面的发展。杨芳认为，城市化效率是城市化质量的一个部分，城市化效率就是城市化进程中要素与资源的总产出与总投入的比值，是能够反映城市的资源配置情况、城市运行状况和城市的经营管理水平。潘婷认为，城市化效率是指城市化发展绩效，是对城市化"质"的定量评价，是指在一定时期内一定地域范围内城市化过程中生产要素投入和相应产出之间构成的对比关系，包括城市化的经济、社会、文化和人民生活等多方面。城市化效率的测度是对城市内部经济效率、全要素生产率及城市化过程中的各要素效率等不同角度的评价，是衡量城市经济良性运转的标准（刘雷，2015）。

1.2.4　城市效率

国内外学者对城市效率的解释主要从以下几个角度展开：

一是劳动效率论。阿朗索（Alonso）直接将劳动力效率（即劳均产出）来表示城市效率，从城市成本—收益的角度研究了城市规模对城市效率的影响，指出城市的边际成本随着规模的扩大呈递增趋势，边际收益随规模的扩大呈递减趋势，因此存在最优的城市规模。很多学者继承了这一观点，在计量分析时通常直接用城市的劳动生产率来代替城市效率，斯文考斯卡（Sveikauskas）分析认为，大城市具有较高的效率，指出城市规模每扩大一倍，劳动生产率上升5.98%。瑞尼·普鲁多姆（Reny Prudhome）认为，城市规模的大小、通勤时间、通勤距离都会对城市效率产生影响。这一定义实质上是把城市效率狭义地解释为城市的经济效果。

二是价值创造论。王嗣均把城市效率定义为城市在单位时间内单位投入（包括人力、物力、财力）所创造的价值量（包括物质产品和精神产品）。依据此定义，他建立了城市效率评价体系，把城市效率扩展为一个开放的系统，实质是除了考虑城市的经济效果，还把其他城市功能纳入评价效率的范围。

三是城市功能角度。评测城市功能的运行效率，是目前国外对城市效率研究比较多的角度，一般从具体的城市功能，如交通服务功能、市政服务功能等的效率进行评价。

四是投入产出角度。把城市看作一个决策单元，其目标是以最少的投入获得最高的产出。查恩斯（Charnes）等将城市看成一个复杂的经济体，从投入产出的视角分析发现，研究城市这一复杂经济体的运行效率是可行的，目前很多学者都做了相关的实证研究。

1.2.5　绿色发展内涵解读

绿色发展被称为是第四次产业革命，将绿色发展认为是孕育新的经济增长点，提升发展质量的重要手段，认为绿色发展是人类走出经济与资源环境这一两难抉择的必然选择，是未来发展的重要方向与趋势。在中国共产党第十九次全国代表大会上，习近平总书记在报告中强调我国要推动绿色发展，明确了我国绿色发展的目标是创造更多的物质财富和精神财富以满足人民日益增长的美好生活的需要，也要推动资源节约，降低能耗、物耗，提供更多的生态产品以满足人民日益增长的优美生态环境的需要，实现人与自然和谐共生的现代化。绿色发展途径是建立绿色生产、消费的法律制度和政策导向，建立健全绿色低碳循环发展的经济体系，构建市场导向的绿色技术创新，发展绿色金融，壮大节能环保产业、清洁生产产业、清洁能源产业。

绿色发展理论与实践是源于人类对一系列的资源环境问题的反思，人类对绿色发展从认识到实践的历程，是人类生态意识的逐步觉醒与发展理念的转型。绿色发展理念的演变是围绕着人类发展与自然生态之间的关系展开的，海洋生物学家卡逊、循环经济学家波尔丁、米都斯等为代表的环境保护运动学者对当时的"黑色"发展模式提出了质疑。1987 年，在日本东京召开的第八次世界环境与发展大会通过的《我们共同的未来》报告中首次正式提出可持续发展，1992 年，在巴西联合国环境与

发展大会通过的《21 世纪议程》文件中明确了全球可持续发展
计划行动蓝图。1989 年，英国经济学家皮尔斯在《绿色经济蓝
皮书》中首次提出了"绿色经济"的概念，一些国际组织开展
了对绿色增长、绿色财富、绿色 GDP 等的相关研究，2008 年，
全球性金融危机爆发，联合国环境规划署发起"绿色经济倡
议"，提出将绿色经济作为解决经济危机的路径。我国古代传
统的天人合一、道法自然等就孕育着绿色发展的思潮，但是遗
憾的是，在实践中并没有引起应有的重视，随着可持续发展战
略的实施以及生态文明建设战略的推进，绿色发展引起了学术
界的关注。《中国人类发展报告 2002：绿色发展，必选之路》
中首次提出了中国应该选择绿色发展道路。胡鞍钢认为，绿色
发展是新一代的可持续发展观，强调经济系统、社会系统与自
然系统三大之间的正向交互，使得经济系统从"黑色增长"转
向"绿色增长"，社会系统实现绿色福利增长、人民健康、社
会和谐，自然系统则由"生态赤字"转向"生态盈余"（胡鞍
钢，2014）。诸大建在其《走向美丽中国：生态文明与绿色发
展》一书中指出，绿色发展有浅绿色和深绿色之分，浅绿色发
展只是就资源环境论资源环境，徘徊在经济增长与资源短缺环
境退化的两难抉择路口，甚至演变成反发展的消极意识。深绿
色发展则是从发展机制的创新与变革上来防止资源环境问题的
产生，实现资源环境与发展的双赢。牛文元认为，绿色发展是
实现人与自然及人与人的和谐（诸大建，2015）。石敏俊认为，
绿色发展是实现经济增长和资源环境可持续性之间协调发展的
发展方式，其内涵主要包括：一方面是经济增长与资源环境负
荷脱钩，另一方面是资源环境可持续成为生产力，促进经济增
长（石敏俊，2013）。黄建欢认为，绿色发展就是减少资源的

过度消耗，加强环境保护与生态治理，追求经济发展与保护环境的统一与协调（黄建欢，2014）。刘纪远认为，中国绿色发展就是实现经济社会净福利最大化，也就是既要使社会福利实现最大化，又要使经济、社会、人力、自然资本以及环境污染等经济社会成本最小化，并提出了绿色发展对不同地区不同发展阶段要实施差别化发展（刘纪远，2013）。王玲玲认为，绿色发展是在生态环境容量和资源承载力的制约下，通过生态环境的保护实现可持续发展的新发展模式（王玲玲，2012）。本书认为，绿色发展是一个国家或者地区经济、社会、资源、环境结构不断优化和协调发展的过程，兼顾发展与资源环境，以最少的资源环境消耗实现经济社会福利的最大化，是高质量、高效益的发展模式。绿色发展主要包含以下属性：

一是有效性。绿色发展强调的是既要"绿色"也要"发展"，而"发展"是以"绿色"为基础，"发展"是理性的发展，是打破传统的"高投入、高排放、低效益、低质量"的粗放经济发展模式，实现以"低消耗、低污染、高效率，高质量"为特征的集约型发展模式，通过技术的进步以及资源的最优配置，以此实现经济社会进步的过程中，能够用最少的资源，最低的污染水平。

二是协调性。绿色发展是要摒弃以往的片面的只重视经济发展速度，唯 GDP 至上，一味地只关注短期经济增长数量，而忽视付出的高昂的资源环境成本及忽视长期的社会福利最大问题。绿色发展注重发展的质量，不断优化发展结构和转变发展方式，以促进经济系统、社会系统与自然系统之间的协调发展为目标。

三是可持续性。自然环境是人类赖以生存的基础，人类的发展不断向自然开发索取资源，如水资源、空气资源、土地资源及矿物资源等，人类对自然的过度利用，会造成自然生态失衡，最终这种伤害会反馈到人类自己身上，出现一系列的资源短缺、空气污染、气候变化等问题，就像恩格斯在《自然辩证法》中指出的"我们不应过分陶醉于我们对自然界的胜利，对于每一次这样的胜利，自然界都报复了我们"。城市是人类活动对自然改造最为深刻的地方，城市的资源环境问题更为突出，影响面也更为广泛。城市绿色发展是将资源环境作为经济发展的刚性约束，在资源承载力与生态环境容量的约束下，城市的发展要减少对资源及能源的依赖性和减轻对环境的污染负荷，使资源环境成为可持续发展的生产力，持续地推动经济增长，使经济的增长既满足了当代人的需求，又不损害子孙后代的长远发展。

四是包容性。绿色发展的包容性是指绿色发展本质上是以人为本的发展，强调人与人、人与社会、人与自然的和谐，绿色发展模式使发展带来的利益与好处，惠及所有人群。在传统的唯 GDP 论的模式下，为了 GDP 的增长，尤其不发达地区，以绿水青山换取金山银山，付出高昂的资源环境的代价，承接发达地区转移的高污染高能耗的产业，导致污染的区际转移，一些地区的人沦为环境弱势群体。绿色发展就是要兼顾绿水青山和金山银山，使发展的成果更多更公平地惠及所有人群。

五是创新性。绿色发展是一种从传统的高消耗、高排放为代价的传统粗放模式向以质量与效益为中心的资源节约、环境友好的创新模式转变，这就需要在发展过程中绿色技术与绿色体制机制的创新。创新是绿色发展的根本动力与引擎，只有通过绿色技术的创新，绿色体制机制的创新，才能实现绿色产业的发展，最终实现经济的绿色发展。

1.2.6 城市绿色发展

国内外学者主要从城市设计、生态系统、发展模式三个角度对城市绿色发展进行了阐释（赵峥，2013），戈登（Gordon D.）提出，城市的绿色发展应保护自然资源，减少甚至消除废物的产生，对无法消除的废弃物进行循环使用；关注人类的健康，提倡绿色食品；人类与其他物种和谐共处；城市的设计不仅要从美学的角度，更要侧重人与自然的关系；注重城市的文化的全面发展（Gordon D.，1990）。奥萨姆（Hosam K.）将城市绿色发展定义为减少浪费，扩大循环利用，降低排放，提高住房密度，同时扩大开放空间，并鼓励本地企业的可持续发展来减少城市活动对环境的影响（Hosam K.，2016）。经济合作与发展组织提出，城市绿色发展通过城市活动促进经济增长的同时减少环境负外部性、对自然资源影响及对生态系统服务的压力，总结了城市绿色发展的优势包括增加城市的吸引力、吸引企业和高技能工人、创造就业、增加绿色产品和服务的供给和需求，并比较了城市绿色发展与城市可持续发展的理念的不同，指出绿色发展主要侧重环境与经济的协调、兼顾社会发展，可持续发展则包含了环境、经济与社会的协调发展（OECD，2011）。

《中国人类发展报告 2002：绿色发展，必选之路》中首次提出了中国应该选择绿色发展道路，胡鞍钢将绿色发展定义为强调经济发展与保护环境的统一与协调，为更加积极的、以人为本的可持续发展之路，并指出绿色发展是中国的重要机遇，是中国今后对人类发展的新贡献之一（胡鞍钢，2003）。一些学者在此基础上延伸阐释了城市绿色发展的概念与内涵，《中国城市绿色发展报告》从生态环境的响应、高效的资源利用率、居民的可持续消费行为、生态环境良好、生态风险低、城市人与自然和谐相处、人与人和谐、城市社会平等不断进步等方面诠释了城市绿色发展的内涵（中国绿色发展高层论坛组委会等，2010）。石敏俊提出，城市的绿色发展要求实现经济、社会和资源环境的协调发展，在保证城市经济持续稳定发展的前提下，尽可能减少经济活动对资源环境的不良影响，实现公众福利和生活质量提高（石敏俊，2013）。欧阳志云等将城市绿色发展定义为改善能源资源的利用方式，同时保护和恢复自然生态系统与生态过程，实现人与自然的和谐共处和共同进化的发展（欧阳志云，2009）。陆小成等提出城市绿色发展要把城市经济转型的立足点放到提高经济质量、生态效益上来，将绿色发展、低碳发展、生态发展作为城市经济增长、社会建设、环境优化的持续优势与核心优势，从战略布局和方向定位上将城市绿色发展作为生态文明建设的长远动力（陆小成，2015）。付金朋提出，城市绿色发展不是单纯的从经济体制及产业结构的转型，而是在社会、经济、环境承载力之内的协调发展及利益相关者的深度参与与观念的转变。《国家新型城镇化规划纲要（2014—2020）》中提出了加快绿色城市建设，并提出了要将生态文明理念全面融入城市发展，构建绿色生产方式、生活方式和消费模式。严格控制高耗能、高排放行业发展。节约集约利用土地、水和能源等资源，促进资源循环利用，控制总量，提高效率等路径。本书将城市发展过程看成一个经济生产活动过程，城市发展过程中通过人口、资源、资金、技术等生产要素向城市集聚，提供城市的生产和发展的投入要素，带来了城市经济与社会的发展，同时也产生了负外部效益即环境污染问题。城市绿色发展一种充分考虑了经济、社会、资源和环境因素的经济发展方式，是实现经济增长的低能耗、低物耗、低排放，是资源的节约和环境的友好型的发展模式，要求城市实现经济和社会效益的增加而资源消耗最少、环境污染最小，是可持续发展的体现。

1.3　研究思路及内容

本书基于对城市化效率及城市绿色发展的概念与内涵的界定，将城市化过程看成是一个经济生产活动过程，通过整合城市经济增长理论、资源经济学理论、环境经济学与城市化发展理论等相关理论，将城市经济、城市资源、城市环境与城市化发展纳入一个统一的分析框架，尝试构建绿色城市化与绿色城市评价理论与方法体系。研究围绕着理论机理探讨—实证分析—政策建议研究的思路展开，本书的框架结构为：第一，界定城市化效率及城市绿色发展的概念与内涵；第二，对城市化与经济增长的互动效应进行分析；第三，对城市化的资源约束效应进行分析；第四，对城市化的环境胁迫效应进行分析；前四部分为理论机理构建。第五，构建包含资源、环境、经济的城市化效率评价指标体系并对我国的城市化效率进行实证分析；第六，进一步对城市化的推动主体我国城市的绿色效率进行评价分析；第五、第六部分是实证分析研究。第七，对城市化效率提升及推动城市绿色发展政策进行分析，这一部分是政策建议研究。本书重点研究了以下几方面的内容。

（1）相关概念的界定和理论基础回顾。本书明晰了效率、城市与城市化、城市化效率、城市效率、绿色发展、城市绿色发展等概念，并对效率的相关理论、城市化理论的资源环境观演化、可持续视角的城市发展理论进行了梳理。

（2）城市化与经济增长的互动效应分析。梳理了城市化与经济增长作用机制的相关理论，深化了对城市化与城市发展战略的认识，在此基础上，进一步利用 VAR 模型对我国的城市化与经济增长的关系进行实证分析，验证城市化与经济增长之间存在相互作用。进一步对城市化的经济绩效进行的测度，得出城市化每增加 1%，促进人均 GDP 增长 0.93% 的结论；并分地带对城市化经济的绩效进行测算，发现我国存在城市化绩效的地区差异，东中部城市化每提高 1%，促进人均 GDP 增长 3.14%，而西部地区城市化每提高 1%，促进人均 GDP 的提高只有 0.32%，在同一城市化水平下会产生不同的城市化绩效，进一步证明了推动城市化进程，不应只关注速度，还需关注质量，提出应关注城市化质量与效率的结论。

（3）城市化与资源约束效应的理论与实证分析。对资源约束影响城市化的机理进行了详细分析，城市化推动了城市人口的增长、经济的增长，加大了对资源的需求，从而增加了城市资源压力，受到资源容量的限制，资源约束会对经济增长产生影响，而经济的增长又会进一步作用于城市化，资源的限制会约束城市化进程。本书定量分析了我国的城市资源压力，并对城市化与城市资源压力的关系进行评价，得出随着城市化水平的提高，城市资源压力增大。再进一步构建了资源限制对城市化进程的约束模型。并对我国能源、土地资源和水资源对城市化进程的约束效应进行了实证分析，得出由于能源、土地资源和水资源的限制，我国的城市化进程每年要下降 0.2%，其中，土地资源对城市化进程的约束效应最大，进一步论证资源应纳入评价城市化效率的指标体系中。

（4）城市化与环境胁迫效应的理论与实证分析。对环境约束对城市化的影响机理进行详细地分析，本书从城市化过程中存在的城市环境污染问题、城市污染的成因分析入手，进一步阐述了城市化与环境污染的关联，利用库兹涅茨曲线对中国的城市环境污染进行定量分析，研究发现，我国的城市大部分处于污染转折点的左侧，正处于环境污染的上升阶段，指出城市环境污染是不容忽略的问题。进一步对中国城市化与环境污染关联进行了定量分析，得出我国目前还未达到与转折点相应的城市化水平的结论。进一步论证在进行城市化效率测算时，环境污染应纳入评价城市化效率的指标体系中。

（5）中国城市化效率的测度及影响因素探讨。本部分构建了包含资源、环境、经济的城市化效率评价指标体系，运用DEA 模型对我国 31 个省（区、市）的城市化效率进行了测度，得出我国各地区城市化的平均综合效率较低，我国城市化发展过程中存在不同程度的粗放资源投入模式，以土地、能源的粗放投入最为显著，而且环境成为影响我国城市化效率提升的一个重要因素。从城市化效率的动态变化来看，2005～2011 年，我国城市化全要素生产率年均增长 10.42%，增长主要来源于技术进步与规模效率的改善，其中，大部分省份城市化全要素生产率都处于低有效增长型。进一步对影响我国城市化效率的因素进行了分析，从制度与体制因素而言，我国存在的制度缺陷，规划的调控效力不够及存在规划理念的误区，政府职能错位，普遍存在的对规模的偏好这些因素导致我国城市化效率低下。同时，采用定量分析的方法考察城市集聚规模、产业结构、政府作用、对外开放程度、基础设施这些因素对城市效率的影响。

（6）中国城市绿色发展评价。由于城市是城市化过程推动的主体，本书进一步构建了基于资源环境约束的城市绿色发展指标体系，运用了 DEA 模型对我国地级及以上城市的绿色效率进行了测度，从区域差别、规模等级、行政级别、城市职能等多视角的分析了我国城市绿色发展的演化和特征，进一步对投入产出的冗余度与不足度进行了分析，并解释了我国城市绿色低效率的根源。

（7）提升城市化效率与推动城市绿色发展的路径分析。基于我国城市化效率、城市绿色发展测度及存在的问题分析，从土地资源、能源资本、人力资源、环境治理、城市与产业融合模式、绿色发展绩效评估、市场作用等视角提出政策建议。

1.4　研究特色与创新点

（1）选题具有时代性与前沿性。随着我国人口红利、资源红利、环境红利的逐步消失，中国经济进入新常态，发展方式从规模速度粗放型转向质量效率型集约增长。城市化过程中的资源粗放消耗、环境恶化问题引发人们的担忧。在我国城市化进入战略转型期、大力推动建设新型城镇化的新形势下，资源环境对城市化的约束与城市的绿色发展成为一个重要课题，本书尝试同时将资源、环境、城市化、经济增长纳入一个统一的分析框架，并引入了效率概念，阐述绿色发展内涵，对我国的城市化效率及城市的绿色发展进行了实证分析，具有一定的理论创新价值与现实指导意义，这无疑具有明显的时代性与前沿性。

（2）研究方法的多样性。由于本书研究的课题涉及城市经济学、资源环境经济学、地理学等多学科交叉，所以在研究方法上具有多样性，在研究中运用了大量的归纳演绎方法，从运用经济学数理模型分析、图解分析，以及其他常规的归纳演绎方法来阐述城市化与经济增长、资源、环境之间的关系。在实证研究方面，采用 VAR 时间序列分析、空间面板数据回归分析、弹性分析、DEA 数据包络分析、空间统计分析等多种方法。

（3）研究视角的创新。将城市化质量、城市化环境、城市化资源问题转化为经济问题，并将资源、环境、经济与城市化纳入一个统一的分析框架，系统研究了城市化与经济增长的互动效应、资源与城市化发展约束效应、环境与城市化的胁迫效应。

第 2 章

理论回顾与研究综述

2.1 效率相关理论

可以说，现代经济学的核心是效率理论。马克思在《马克思恩格斯全集》第 26 卷 281 页中描述：真正的财富在于用尽量少的价值创造出尽量多的使用价值，也就是用最少的投入消耗获得最大的产出价值，虽然没有明确提出效率的概念，但是这一思想反映出了效率基本内涵。亚当·斯密在《国富论》中就提出，经济学的使命就是研究经济效率问题，提出通过劳动分工合作、资本积累可以提高效率的分工效率理论和竞争产生效率的竞争效率理论。新古典经济学派继承了亚当·斯密的竞争效率思想，形成了配置效率理论，认为"经济学是研究稀缺资源在多种经济用途之间进行合理配置的学问"，将效率的视角转向了资源配置效率。萨缪尔森在《经济学》中指出，"效率意味着不存在浪费，即当经济在不减少一种物品生产的情况下，就不能增加另一种物品的生产的状态"。《新帕尔格雷夫经济学大辞典》认为，效率可以用帕累托最优状态来表示。帕累托最优效率是这样定义的：没有任何一个人可以在不使他人境况变坏的同时使自己情况变得更好，给定的约束条件内，帕累托是资源分配的一种理想状态，提高效率意味着浪费减少，并认为帕累托最优是评价一个经济制度和政治方针的非常重要的标准。

除主流经济学观点以外，效率的相关理论不断创新，英国经济学家法雷尔（Farell）等从投入产出的视角研究经济效率问题，认为效率是依据"最小化"和"最大化"的原则来衡量投入与产出之间的关系。随着技术方法的发展，一些学者提出多种投入多种产出的部门效率测度方法，用来衡量是否每种投入资源实现的最小化利用合理的配置在有效的方向或者每种效益产出都实现了最大化。

2.2　城市化理论的资源环境观

西方发达国家城市化起步早，工业革命发源地的英国从 18 世纪中叶启动城市化到 19 世纪中叶基本实现城市化，城市化的相关理论的研究也逐步产生与发展，而对城市化所面临的资源环境约束的认识则经历了很长的过程。本书主要从城市化的区位论、人口迁移论、二元结构论、非均衡增长论、协调发展发展等理论来回顾城市化理论中的资源环境观。

2.2.1　区位论

区位论是从地理空间的角度揭示人类社会的经济活动，如企业、产业、设施等的空间分布规律的理论。从区位角度研究城市化规律的理论主要有克里斯泰勒中心地理论、廖什的市场区位论，中心地理论把区位理论的研究对象从杜能的农业区位论、韦伯的工业区位论延伸向城市区位论，构建了系统的城市区位理论，并为市场区位论奠定了基础。克里斯泰勒在其著作《德国南部的中心地》一书提出，在土壤肥力相等、资源分布均匀、交通系统统一、没有边界的理想平原上，假设生产者和消费者都是理性经济人，消费者为减少交通费用都选择离自己最近的中心地购买产品和服务。有三个原则支配中心地的空间分布形态，在市场原则下，中心地均匀分布在平原上，同类中心地之间的距离也相同，并且每个中心地的市场区域均为半径相等的圆形区域。存在不管是哪一级的中心地，每三个相邻的中心地之间均存在得不到该级别中心地服务的区域，那么这个区域就会出现较低等级的中心地以满足该区域居民的消费需求，以此类推，则形成不同等级的中心地，而各等级的中心地之间存在相互竞争，中心地之间的市场出现重复，遵循运费最低化原则，相邻的中心地将重复面积平分，中心地的市场区域演变成六边形结构，每一个完整的基本六边形和周围6个基本六边形的1/3，共同形成一个较大的六边形，则所有中心地达到空间均衡。当中心地达到均衡，高一等级中心地服务市场的区域是低一等级服务市场区域的3倍，而低一等级的中心地是高一等级中心地数量的3倍。按照交通原则，低一等级的中心地布局在高一等级中心地交通线的中点，每个完整的基本六边形和周围6个六边形的1/2组成了一个较大的六边形市场区域，在这一均衡状态下，高一等级的中心地市场区域是低一等级市场区域的4倍，低一等级中心地的数量是高一等级中心地数量的

4 倍。按照行政组织原则，低一等级中心地从属于高一等级中心地，在这一体系中，每个高一等级中心地市场区域范围包括一个完整的基本的六边形及周围 6 个完整的六边形，则高一等级的中心地市场范围是低一等级中心地市场范围的 7 倍，低一等级的中心地数量是高一等级中心地数量的 7 倍。廖什在其著作《经济空间秩序》一书中从企业区位的理论出发，以市场需求为空间变量，按照利润最大化原则对市场区位体系进行分析，研究了市场规模与市场需求对区位选择和产业配置的影响。廖什认为，在自然条件和人口密度均质分布的理想状态下，区位空间达到均衡时，最佳的空间模型是六边形。一般而言，市场区内往往有各种不同类别的产品，不同类型的产品具有不同的六边形市场网络，市场网络相互叠置一起，则形成复杂的蜂窝状体系。总体而言，无论是克里斯泰勒的中心地理论还是廖什的市场区位论，区位论考虑气候、地形、水源、土壤等自然资源因素及市场、交通、政策等社会经济因素对区位选择的影响，认识了自然资源在经济社会发展中的基础作用，但是并没有考虑区位的选择可能引起的资源稀缺和环境污染问题。

2.2.2 人口迁移理论

城乡人口迁移理论主要对人口在城乡之间流动的动力、原因、机制和条件等问题进行系统的分析，主要有推拉理论、成本—效益理论。雷文斯坦的"人口迁移法则（law of migration）"被认为是对人口迁移的开创性研究，其1889 年发表的论文提出了人口迁移的七大规律，总结了迁移距离、迁移流向以及迁移者的规律特征，并认为经济因素是人口迁移的主要目的。

对于人口迁移的原因、动力方面的研究，唐纳德博格运用运动学的原理解释的人口迁移机理的"推拉理论"是较为重要的理论之一。在他看来，人口迁移是迁出地与迁入地的推力、拉力共同作用的结果，当地自然资源的枯竭、农业生产成本的增加、失业或半失业状态、恶化的经济状况等形成"推力"，较多的就业机会、较高的工资收入、较好的受教育机会、基础设施与服务设施等形成"拉力"，并且提出迁出地并不是都是消极的"推力"，也有家庭团聚的欢乐、熟悉的社区环境及社交网络等积极的"拉力"，而迁入地也有一些消极的"推力"，比如竞争激烈、生态环境质量下降等，决定是否迁移是迁出地与迁入地多种积极因素与消极因素的权衡对比（马侠，1992）。贝克尔利用"成本—效益"模型来解释人口迁移的成因，认为迁移过程中的花费包括直接和间接费用是成本，而迁移后的增加的收入是效益，只有当收益大于成本时，迁移才会发生。可以看出，推拉理论把城市生态环境的下降作为农村人口流向城市的一个"推力"因素，认识到环境对城市化的影响，但是迁移理论仍然忽视了城市资源环境的重要性。

2.2.3 二元结构理论

20 世纪 50 年代，发展中国家技术落后的传统农业经济与现代化的工业经济并存，在农业发展比较落后的情况下，超前进行了工业化，城乡之间呈现巨大的差距的现象引起了学术界的关注。大量的学者从城乡二元结构角度出发，对发展中国家农村剩余劳动力的转移和城乡融合发展进行了研究，主要的代表人物有刘易斯、费景汉、拉尼斯、乔根森、托达罗等。刘易斯在其《劳动力无限供给条件下的经济发展》一文中指出，发展中国家国民经济体系由传统的农业经济体系和城市现代化工业体系组成，农业部门赖以发展的土地资源是非再生的、有限的，而且生产技术落后，人口却快速持续增长，相对土地等资源而过剩的劳动力，边际生产率趋于零，有时甚至是负数。而城市的现代工业体系使用的是资本等可再生性的生产资料，技术更新快，生产规模的扩大超过城市人口增长，工业部门的边际收益递增。认为发展中国家可以通过城市现代工业吸引农村剩余劳动力转移，实现国民经济稳定增长来摆脱贫困。费景汉和拉尼斯认为，刘易斯的两部门模型存在的缺点：一是忽视了农业发展对促进工业增长的重要作用；二是由于农业生产率的提高而出现农业剩余产品是农业部门劳动力流向工业部门的先决条件。基于刘易斯二元结构模型的基础，费景汉和拉尼斯将农业与工业部门之间的贸易纳入模型的分析中，阐述了发展中国家人口流动的三个转变阶段。第一阶段是农业部门存在大量失业人口，部门边际生产率趋于零，这些劳动力的流出不会影响农业产出，而且会使农业部门产生剩余产品，提供给流入工业部门就业人口消费。第二阶段是随着农业部门人口的流出及农业技术的发展，农业部门劳动边际生产率提高，而劳动力继续流入工业部门，农业部门的剩余不能与工业部门劳动力流入增长同步，引起农产品的短缺而推动相对价格的上涨，则推动工业部门工资水平的提高。第三阶段是农业部门不存在剩余劳动力，传统的农业转化为商业化农业，由此发展中国家经济进入稳定增长的阶段。费景汉和拉尼斯是以农业劳动力的转换和工业部门增加的就业机会都与工业部门资本积累率成比例为前提（马侠，1992）。有些学者认为，现代工业部门科技进步较快，技术可以替代对劳动力的需求，而且事实上，一些拉美国家的过度城市化问题突出，城市人口中存在大量的失业，而农村却没有太多的失业人口。托达罗模型就是建立在发展中国家城市失业问题严重，而农村人口仍不断向城市流入这一事实的基础上，认为仅依靠工业的扩张不可能解决城市失业问题，强调"城乡预期收入"而非"实际收入"的差异是促进人口由农村流入城市的根本动力。托达罗认为，单纯依靠提高城市现代部门的就业增长率来减少城市失业是十分困难的，而应同时缩小城乡收入的差距、改善农村生活水平，降低农村人口向城市转移的规模和速度。美国经济学家乔根森则从农业发展和人口增长的视角来研究劳动力城乡流动的问题（胡彬，2008），他认为农业是经济发展的基础，工业部门的发展取决于农业的剩余和人口规模，只有农业产生剩余，才能促使劳动力向工业部门转移，工业部门开始扩张增长。乔根森提出了农业总产出与人口增长相一致的假设，在此条件下，农业技术的进步会推动农业剩余规模扩大，从而更多的人口由农村流向城市。乔根森的人口流动模型认为，农业剩余对经济增长有决定性作用，主张优先发展农业部门，提高农业生产率，增加农业剩余，促使农业人口流向城市工业部门，从土地上解放出来，实现工业部门生产的扩张。

二元结构理论主要阐述的是城乡劳动力的流动问题，农村土地的稀缺，加上农村劳动生产效率低，在城市现代工业体系中，工业部门生产效率高，工资水平高于农业部门，造成发展中国家巨大的城乡差距，这一差距也推动农村剩余劳动力不断向城市转移。农业部门劳动力向工业部门的转移可以使工业部门支付更少的工资水平，从而可以把更多的资本用于扩大生产，以此发展，工业部门可以吸引更多的劳动力，促使更多的农业剩余劳动力向城市转移，推动城乡差距的缩小。可以看出，刘易斯—费景汉—拉尼斯的二元结构理论强调劳动投入和资本积累对经济发展的关键性及推动人口由农村向城市流动是源于农村土地的稀缺及城市优越的条件，忽视了城市的工业部门的能源、土地资源也是不可再生的以及工业产生的环境问题，并没有意识到城市在吸引农村剩余劳动力不断流入后引起的城市资源与环境问题。托达罗主张降低农村人口向城市转移的规模和速度也并非是基于城市的资源与环境的约束的原因，而是强调农业部门与城市工业部门应协调平衡发展（刘耀彬，2014）。乔根森淡化了农村土地资源稀缺问题，强调农业技术的进步和农业与工业之间的贸易是人口由农村流向城市的动力，依然忽视了城市化过程中资源环境约束的问题。

2.2.4　非均衡增长理论

非均衡增长理论是区域经济学的重要理论之一，从区域发展不平衡的角度分析城市化发展规律，代表性的理论有佩鲁的增长极理论、弗里德曼的中心—外围理论、克鲁格曼的核心—边缘理论、缪尔达尔的循环累积论以及赫希曼的不均衡发展理论。增长极理论认为，经济活动趋于集聚形成城市，随着一个地区人口、资本、生产、技术等要素的高度集聚，推动城市化的发展。并且指出，增加并不是发生在所有的地方，它以不同的强度首先出现于一些增长点或增长极上，经济的"增长极"是一些主导部门或者创新能力强的企业或者产业在某些区域的集聚，形成资本、技术等要素的高度集聚，产生规模效应，成为经济活动中心，形成一个"磁场极"，吸引资源要素的进一步集聚，实现自身规模的不断扩大，然后通过扩散作用带动周边地区的发展。弗里德曼的中心—外围理论进一步对增长极理论进行拓展，认为一方面中心区向外围区输送商品，吸引边缘区的资本、劳动力等生产要素向中心区集聚，并形成创新；另一方面，中心区又通过向外围区的创新扩散、信息传播、产业关联等辐射带动外围区的发展，中心区对外围的支配作用。克鲁格曼的核心—边缘理论将劳动力流动、规模报酬递增及运输成本纳入模型解释集聚的原因，认为区域间的均衡是由集聚力与分散力共同作用的结果，前后向的联系、丰富的劳动力市场、外部经济是促使经济活动向城市区域集中，农民的非流动性、土地租金、外部不经济促进企业与劳动力向外迁移，城市的产生以及区域经济的差异都是产业集聚引起的，产业与生产要素的集聚是城市化的动力。缪尔达尔的循环累积论应用动态非均衡和结构主义分析方法来解释发展中国家"地理上的二元经济"产生的原因，认为发展中国家区域经济发展中存在"极化效应"与"扩散效应"，"极化效应"是指由于受生产要素收益差异的影响，劳动力、资本、资源、技术等由落后地区流向发达地区。经济发展的初期，各地区发展水平相对均衡，假设生产要素可以自由流动，当一些地区由于外部因素而使其增长快于其他地区，经济发展的不平衡就会出现，这种不平衡会使地区间的收入、工资、利润水平等都产生差距，而这种差距的产生会引起"累积性因果循环"，发展快的地区由于生产要素的进一步集聚发展更快，发展慢的地区由于生产要素的外流发展更慢，导致区域间的差异进一步拉大。但是，极化效应也并不是无限制的，当发达地区发展到一定程度以后，扩散效应就会凸显出来，就会产生污染严重、交通拥挤、人口稠密、自然资源不足等问题，使得生产成本上升，外部不经济效益明显增大，这时，发达地区进一步扩大规模变得不经济，劳动力、资本、技术等生产要素向落后地区扩散，落后地区经济发展增速。此外，由于发达地区增长的减速会推动社会增加落后地区产品的消费，刺激落后地区经济的增长，则发达地区与落后地区的差距逐步缩小。赫希曼的不均衡发展理论是基于发展中国家资源的有限性与稀缺性，使有限的资源得到充分的利用，论述平衡增长战略是不可行的，提出不平衡增长。主张在经济发展的初级阶段集中有限的资源分配给最有发展潜力的产业及地区，提高资源的配置效率。而在经济发展的高级阶段，则需要协调区域间的发展平衡。

可以看出，非均衡理论逐步认识了城市在发展的过程中存在的资源环境问题。增长极理论强调生产要素向一个地区的集聚则推动这个地区成为增长的中心，而资源流出的区域则成为边缘地区，认识到了资源对城市化的约束作用。无论是弗里德曼的中心—外围理论、克鲁格曼的核心—边缘理论还是缪尔达尔的循环累积论都认为，区域发展中存在着集聚力与分散力，资源问题、环境问题无疑是重要的分散力，无疑正视了城市化过程中面临资源环境的约束问题。赫希曼的不均衡发展理论主张的集中资源优先发展有潜力的产业与地区，无疑正视了资源对区域发展的约束作用。但是，非均衡增长理论均没有对资源的节约与环境的保护有过多的思考。

2.2.5　协调发展理论

协调发展理论是从资源、社会、经济、环境的协调发展角度论述城市化发展规律，强调的是人与自然的和谐和可持续发展。协调发展理论典型的有霍德华田园城市论、恩维的卫星城市论和沙里宁的有机疏散论等。空想社会主义者罗伯特首次提出了田园城市的概念，19 世纪末，英国社会活动家霍德华在其著作《明日，一条通向真正改革的和平道路》一书中阐述了关于"田园城市"的规划理念与设想。霍德华提出的关于解决城市病的核心内容——城市规模控制、城市布局结构、城市能源利用结构、城市人口密度及城市绿带等思想均体现了城市发展的环境观。霍德华认为，城市环境的恶化根源于城市的无限扩张、过度膨胀，提出适宜人居、城乡结合、一体化发展的设想。在书中还指出，要改变城市能源利用结构，减少城市烟尘污染，构建卫星城市群，实现"无贫民窟无烟尘的城市群"的理想。20 世纪初，大城市规模过大及不断蔓延，合理有效地疏散大城市人口成为突出的问题。恩维继承了田园城市论的思想，进一步提出建设卫星城的设想。有机疏散论是芬兰学者沙里宁在 20 世纪初针对大城市病问题及所带来的各种资源、环境、经济、社会弊病，认为城市混乱、拥挤、恶化的环境问题不仅是城市危机，而且是文化衰退及功利主义的盛行。提出大城市的重工业甚至轻工业都应该疏散出去，工业外迁空出的面积由绿地来填充，强调城市规划中应注意宜居与控制通勤距离，重视城市发展中的生态问题。随着全球城市化、工业化的推进，城市人口的增多，城市规模的扩大，甚至涌现出了一批特大型城市，城市病问题得到重视，学者们开始考虑城市的资源环境瓶颈问题，围绕着资源环境与经济发展这一选择，出现了增长极限论、唯发展论及可持续发展不同的声音。关于选择哪种发展方式一直存在争论，但可持续的发展基本得到了国际社会的普遍共识。

协调发展理论认识到资源环境在城市经济社会发展中的重要，认为资源环境是城市发展的刚性约束，并提出了提高资源集约利用、减少环境污染的思想。

2.3　可持续视角的城市发展理论

城市经济与人口的增长产生的城市拥挤和城市蔓延等一系列的经济、社会、资源和环境问题，为了适应可持续发展的需要，学术界出现了"生态学流派""增长管理""精明增长"等思潮。

2.3.1　生态学流派的城市发展理论

生态学流派源于19世纪20年代的田园城市论，20世纪初，以美国芝加哥学派帕克为代表的学者运用生态学原理研究城市，认为城市是一个生态系统，支配城市社区的基本过程就是竞争和共生，用人类生态学来研究城市中人与环境、人与自然关系。1972年，联合国人类环境会议发表了人类环境宣言，包括七点共同看法和二十六项原则，其中一项原则就明确提出，"人的定居和城市化工作必须加以规划，以避免对环境的不良影响，并为大家取得社会、经济和环境三方面的最大利益"。1987年，"生态城市建设者"组织的负责人雷吉斯特发表著作《生态城市伯克利——建设未来健康城市》中提出，低密度的土地利用模式、城市功能单一、大量的私人汽车的使用是城市资源巨大浪费和生态环境破坏的重要原因，并从生态学的视角提出了建设生态城市的原则与策略。到 20 世纪末，国际生态城市的理论与实践案例十分丰富。随着绿色经济思潮的涌现，一些学者开始将绿色的思想运用于城市发展方面，新加坡城市规划学家斯蒂芬在《绿色城市法则——向可持续发展城市转变》一书中将可持续发展的城市定义为居民在一个紧凑、相互连通的社区里工作、生活和休闲娱乐，并分析绿色城市法则包括节能和新技术的应用、可再生能源的使用及"短距离城市"，认为这些都会给资源的节约、环境的保护和经济的发展带来益处。生态学流派的研究极大地推动了人们对城市环境意识的提高。

2.3.2 增长管理战略

城市增长管理最早在美国提出并逐步发展形成较为成熟的理论和政策工具。与其快速的城市化息息相关，在增长需求的推动下，伴随着汽车的普及，对更大居住空间的需求，开发了大量的工业园区、住宅区、商业区。城市快速且大范围的向农村地区扩张，大量的农田土地由于城市的开发而被侵占，出现了中心城区发展慢于郊区，这种低密度的蔓延使基础设施建设极不经济，基础设施利用率低，造成资源浪费巨大。同时，割裂的社会空间导致社区衰退，对小汽车的依赖给自然资源和生态环境带来了巨大的压力与危害。城市的增长虽然促进了城市就业、人口、经济等的增长，但同时，这种蔓延式增长的负面效应也开始凸显。一些学者开始质疑城市的增长，如艾本·佛多在他的《更好，不是更大》（better not bigger）一书中阐述了城市就像一个增长的机器，引擎是由土地投机和开发带来的利益驱动，地方政府是被这些力量绑架，增长的短期利益抵消不了长期成本，存在比收益更大的经济、环境和社会增长成本，应该关闭增长机器，控制增长，从考虑如何使城市增长转移到如何使城市更适合居住的问题上来，提出要建一个健康、幸福、优质生活的稳定型可持续发展社区。环境保护主义者也主张限制增长，将城市增长形容为一个金字塔形的阴谋，少数人为利益的获得者，多数人为少数人买单。但是正如汉克（Hank V.）等指出关于城市发展的"是非"选择角度，"促进发展"还是"反对发展"，"发展机器"还是"反发展机器"的议题过于简化，他认为，大部分的城市在大多数情况下都是有一定发展的，增长管理的理念逐步被接受。20 世纪 70 年代，美国的一些州政府也开始采取偏向于这个方向的政策以控制城市蔓延，到 20 世纪 80 年代，美国的一些州如佛罗里达州、佛蒙特州等都制定了《增长管理法》。对于增长管理的定义，奇尼兹（Chinitz）认为，增长的管理是积极和充满活力，它致力发展与保护之间持续均衡，各种形式的发展和现有的基础设施之间的均衡，增长带来的对公共服务的需求及满足这些需求的资金供给之间的均衡，进步和公平之间的均衡。波特（Porter）将增长管理定义为旨在引导和指导私人开发的公共性政府活动，是一个协调发展目标之间均衡，预测社区开发的需要并促使其得以实现，兼顾本地与区域之间利益平衡的动态过程。笔者认为，增长的管理根本目标是对现有的发展模式进行调整，寻求经济发展、生活质量、资源、环境的均衡性发展。

对于增长管理的目标，博伦斯（Bollens）提出，早期的增长管理始于关注环境问题以及区域发展的影响，但随着时间的推移，增长管理的目标逐渐转变为更为广泛的包括物质、社会、经济均衡的综合性政策目标，与增长控制不同，其演化为更加注重包容协调的发展，而不是限制发展。波特提出，增长管理的主要目标为保护自然资源，提高环境质量及提供高效合理的公共服务设施。纳尔逊（Nelson）则提出了实现保护空气、水体、土地景观等公共产品，负的外部性最小化，土地利用效率的最大化、促进最大化的社会公平和减少开发的财政支出 5 大目标。道尔（Doyle）综合文献总结了城市增长管理的 5 方面政策目标，为住宅支付能力（housing affordability）及 4C 目标，4C 分别为：协调性（coordination），实现发展、环境、基础设施等问题的区域性协调；限制性（containment），即限制发展范围，提高居住密度，提高区域内资源、基础设施等的利用效率；保护性（conservation），即保护大城市边缘区、非建设用地、水体及其他的资源；社区（community），即形成包含经济、空间、生活质量等内容的和谐城市社区。本 – 扎多克（Ben – Zadok）提出了实施增长管理的 3C 要求以控制城市蔓延：一致性（consistency），即要求有地方性综合性规划，以支持地区和周边城市的规划；并发性（concurrency），即要求在新的发展发生之前，增加配套基础设施（下水道、道路、公园等）以满足足够的服务需求；鼓励紧凑型发展（compact development），即减少低密度的土地空间利用模式。

对于增长管理的效果，纳尔逊通过对实施了增长管理与没有实施增长管理的州进行比较，发现城市的增长管理对于控制城市蔓延，减少能源消耗，保护非城市用地，提供便捷的交通，提高基础设施利用效率等方面的效果是明显的。因（Yin）指出，增长管理（SGMP）有力地推动了紧凑型发展，包括人口密度的提高和土地的混合使用，但是，分散的大都市区管治会促进城市蔓延，应加强区域的协调。一些学者也提出了增长管理也会导致资源外溢，资源向低控制区转移，从而促进低控制区的开发与发展。如马龙（Marlon）通过分析发现佛罗里达城市增长管理政策与人口密度的变化相关，导致县城区较低的均衡人口密度而且调整速度较慢，而郊区则较高的均衡人口密度和较快的调整速度，增长管理会使发展从城市转向郊区。无论从增长管理的目标还是从增长管理的效果来看，增长管理战略强调的是城市的发展要以资源的节约与环境的保护为前提。

2.3.3 精明增长战略

精明增长（smart growth）的理念于 1992 年巴西举行的联合国环境与发展大会（UNCED）的重要文件 21 世纪议程中出现的，并且这一理念在美国获得广泛的社会共识。环境主义者、公民团体、城市规划者、交通规划者、决策者等，他们接受了增长和发展将继续发生，所以力求全面的方式增长，希望可以用新的方法来振兴经济，保护日益担忧的环境，增强社区活力，都要求对城市化发展采取积极的干预以解决城市蔓延带来的社会、资源、环境问题。精明增长的原则就是冲着建设适合居住、经商、工作以及养家的可持续发展的社区。2000 年，美国的规划协会联合 60 家公共团体组成了"美国精明增长协会"（Smart Growth America）。2002 年，协会又设立了"精明增长领导研究所"的分支机构，为多个城市的发展提供技术支持。精明增长的理念在西方其他国家如英国、荷兰和其他一些欧洲国家也都已经影响着政府的规划政策。目前，关于精明增长还没有形成统一的定义，每个人都有自己的理解。哈里斯（Harris）认为，精明增长是通过城市规划和交通方式把增长集中在紧凑的适合步行的城市中心，以避免无序扩张，这种理念可以应用到解决规划和设计实践问题（例如，混合使用填充式开发），提高土地利用效率以及管理增长（例如，人口控制）。这是一种提倡紧凑，公共交通为导向，适合步行，骑自行车友好型土地利用方式（如有邻里学校），有完整通畅的街道，开发了一系列可选择的混合用途住房，这种紧凑型的发展有助于促进自然资源和基础设施使用效率的提高。哈里斯进一步提出了亚特兰大西南部的城市精明增长目标：一是使社区对新的业务竞争越来越激烈；二是提供可供选择的购物、工作和娱乐场所；三是创造一个更美好"归属感"，提供居民就业机会；四是增加财产价值；五是提高生活质量；六是扩大税基；七是保留开放的空间；八是控制的增长；九是提高安全性。美国的"国家住宅建筑商协会"把精明增长定义为提供一系列不同的居住选择的发展，这种发展包括：一是一个稳定的、综合性的、开放性的具有地方特色的规划。二是一个有效的、创新的、市场灵活的土地利用区域。三是根据经济发展和人口预测相协调的居住单元。1996 年，美国环境保护署联同数个非营利组织和政府机构成立了精明增长网络（Smart Growth Network，SGN），SGN 提出了精明增长的十大原则：混合利用土地；紧凑型建筑设计；多种住房选择；创造可步行的邻里社区；培养个性鲜明且吸引力强的社区；保护开放空间、农田、自然景观和重要环境区域；加强和再开发现有的社区；提供多样化的交通选择；使发展决策更加可预知、更加公平、更具有成本效益；鼓励社区和相关利益者共同参与到发展决策中。但是，也有学者提出了精明增长的不同声音，他们认为，相比之下，城市的蔓延会产生个人利益，而且精明增长的一个重要成本是增加住房的价格。总体来说，精明增长战略强调的是通过资源的高效利用实现环境—社会—经济的协调可持续共同发展。

2.4　城市化与城市效率的相关研究

2.4.1　国外城市化与城市效率研究

国外关于城市化与城市效率的研究主要集中在城市经济效率、城市公共服务效率、政策效率三个方面。

关于城市经济效率的研究，查恩斯（Charnes A.）就利用DEA方法对中国 28 个城市的城市效率进行了分析，得出城市作为一个生产系统测算，其经济运行效率是可行的。帕特丽夏（Patricia E.）在查恩斯数据的基础上研究区域内城市的合作可以产生效率收益，指出数据包络法被证明是广泛的政策问题分析的重要工具。朱（Zhu）比较了 DEA 和主成分分析两种不同的方法对 18 个中国城市的经济效率进行测算，指出在进行效率评价可以两种方法的互补性使用。金成钟（Sung-JongKim）运用 DEA 模型测算了韩国 50 个城市的效率，DEA 的结果显示，韩国大型城市是无效率的，处于边界前沿是那些中等大小的城市。森川智之（Toshiyuki）运用数据包络法对中国 35 个城市的工业配置效率及规模效率进行了测算。

关于城市公共服务效率的研究，目前，国外多对具体的城市功能效率进行研究，在一些发达国家，对城市公共服务效率的衡量比较多，主要集中在市政警察服务效率、交通服务效率、图书馆等。皮尼亚（Pina）运用数据包络法研究比较了欧盟私人管理的交通服务和公共管理的交通服务的效率；托佐思（Tongzon）对澳大利亚 4 个国际集装箱港口效率进行了比较；沃辛顿（Worthington）对澳大利亚新南威尔士州 168 个地方政府图书馆效率进行了评价；巴罗斯（Barros）对葡萄牙首都里斯本市政警察服务效率进行了评价；德雷克（Drake）对英格兰和威尔士的市政警察服务效率进行了评价，卡西亚·桑切斯（Garcia-Sanchez）评价了西班牙的市政水务服务效率；蒙特（Mante）评价了澳大利亚公共部门组织的执行相同任务的效率；摩尔（Moore）测算了美国 46 个最大城市 11 个市政服务 6 年的效率，并探讨了不同城市不同效率的原因。

2.4.2　国内城市化与城市效率相关研究

国内对于城市化效率的研究成果颇丰，张明斗运用 DEA 模型对我国 2002～2011 年城市化效率进行测度，得出 10 年间我国城市化效率呈现波浪式下降趋势，得出经济的规模总量、城市基础设施水平、城市空间集聚水平及政府的公共规划对城市化效率具有显著的促进作用。王家庭采用 DEA 模型对我国 31 个省市的城市化效率进行了静态和动态分析，得出非 DEA 有效对省市投入要素的非集约度高，我国城市化仍然是粗放型投入发展模式，且 2002～2006 年，大部分的省市都处于城市化效率降低阶段，技术进步的无效是提升我国城市化效率的主要制约因素。戴永安采用随机前沿模型对我国 266 个城市从人口城市化、社会城市化、经济城市化三个角度对城市化效率及其影响因素进行研究，得出我国城市化效率处于缓慢增长阶段，但总体效率偏低且存在巨大的区域空间差异。产业结构、基础设施完善程度、城市初始经济水平、空间集聚水平、区位条件都对城市化效率具有促进作用，而政府作用和人口密度却制约着城市化效率的提高。

国内有不少学者对城市的效率做了相关的研究，从研究主体来看，有对区域性城市效率的研究，如陶小马对长江三角洲16个城市的效率进行评价，指出长三角城市发展较为均衡，但能源的浪费较为严重，同时得出，1999～2003年，由于规模效率的提高，城市效率的得到提升，但2003年以后，规模效率对城市效率提升的贡献逐渐停滞，提出今后城市的发展要转变增长方式，避免盲目规模扩张。钱鹏升研究了淮海经济区20个地级城市10年的效率时空格局演化，指出以徐州为中心的高效率城市群已形成但并不稳定，并提出，纯技术效率是城市效率的主要影响因素。熊磊对云南省地级以上城市的城市效率进行测算。胡斌计算了江苏省13个地级市的城市经济系统运行效率。也有对城市群效率的研究，如杨青山对东北地区三大城市群城市的能源环境效率进行测度，以评价城市的经济—环境协调程度。张庆民测算了中国十大城市群的环境治理效率，指出十大城市群环境治理效率存在差异性，沿海城市群的效率高于内陆城市群效率。

从研究内容来看，主要集中在城市的全要素生产效率的研究和城市特定投入要素效率的评价。对全要素生产效率的研究如：李郇测算了1990～2000年我国202个地级以上城市效率，认为中国城市效率低是由于规模效率下降抵消了利用效率和纯技术效率的上升，且分布格局与三大经济带发展格局一致。潘竟虎测算了中国286个地级及以上城市2000～2010年的城市效率，研究得出，城市效率与规模等级、经济格局和城市行政等级一致，而且城市效率还存在空间依赖性。刘秉镰运用 Malmquist 指数方法测算中国 196 个城市 1990～2006 年的城市效率的动态变化，得出城市效率总体提高了 2.8%，东部地区效率改善最多，西部次之，中部最小，城市发展还是处于高投入增长阶段，城市效率较低。邵军对我国 191 个地级市及以上城市 1998～2006 年的城市生产率、效率和技术进步进行了测度，得出了城市的效率水平有较好的改善，但是技术及生产率水平都持续下降，西部地区与东中部地区存在很大的差距，导致西部地区发展动力不足。郭腾云对中国 31 个特大型城市的效率研究发现，特大型市效率一般，但逐步提高，特大城市的城市效率与城市紧凑度之间有一定的互动关系。席敏强对中国 152 个城市的城市效率研究得出城市综合效率与城市规模正相关，规模效率与规模大小呈倒 "U" 型变化。孙威等对我国的典型资源型城市效率及变化进行了测度，研究得出资源型城市的城市效率一般，规模效率是影响综合效率的主要因素，不同资源类型城市效率明显差异。袁晓玲采用超效率 DEA 方法对我国 15 个副省级城市 1995～2005 年的城市效率进行研究，得出超效率值变化呈倒 "U" 型且效率值具有趋同变化特征。俞立平对我国的地级城市 2001～2006 年的城市经济效率进行测度，得出东部地区城市进步和全要素生产率较高，而东部、中部、西部地区规模效率及纯技术效率相差不大。张晓瑞等利用 DEA 模型对全国 30 个省会城市 2007 年的城市开发效率进行了测度，指出大部分省会城市都存在投入冗余和产出不足的现象，通过回归分析得出综合效率与投入产出指标之间存在因果关系，提出控制城市规模、优化配置资源从而提高城市资源利用率的建议。

　　一些学者也开始从可持续发展的角度评价城市的全要素效率，如李杰构建了包括人力、资本、物力的生态经济投入和经济系统、社会系统、生态系统的产出指标，测算了长江流域各城市的生态经济效率。付丽娜采用能源消耗与环境污染为投入指标，经济发展总量为产出指标对长株潭城市群城市的生态效率及影响因素进行了研究，得出长株潭城市群城市生态经济效率高且处于上升趋势，产业结构、研发强度与生态经济效率正相关，而外资利用水平与生态经济负相关，城市化水平及生态乡率与生态经济效率不相关。袁鹏采用方向性距离函数测算了中国 284 个城市工业环境效率，得出近一半以上的城市工业环境效率的提升是生产效率提高的结果，而不是污染排放的下降，建议加强对污染排放的管制。

　　对于特定投入生产要素以对城市土地利用效率评价为主，如张良悦等人对中国 247 个地级以上城市土地利用效率进行测算，得出目前中国城市的土地利用效率低且存在明显的区域差异，土地开发具有粗放特征，不利于我国耕地的保护。吴得文等对我国的 655 个城市的土地效率研究，发现我国城市土地效率普遍低下，且效率分布格局与经济分布格局一致，大部分城市的土地规模效率处于递增状态。李娟对成都市城市土地利用效率进行测算，发现整体上成都市城市土地利用效率较高。

　　城市的效率问题是一个重要问题，关系着对目前城市发展模式的审视和未来城市发展模式的选择，目前，学者们采用不同的研究方法，不同的视角，不同的指标选择，这些的研究得出了很多有意义的结论。但是大部分效率的研究都往往忽视了环境因素，虽然有学者提出了要从生态的角度去探讨城市经济效率，但是相对来说，把环境污染纳入约束的理论与实证研究还比较少，而对环境约束下的城市化效率的研究还属于空白，而城市化的过程又与资源、环境问题密切相关，因此，在探讨城市化效率问题上，应该考虑资源与环境的约束。

第 3 章

城市化与经济增长互动效应

世界的城市化趋势不可逆转，推动城市化的目标是人类更好地享受发展成果，提高居民生活水平，但是在实际中，一些国家与地区较高的城市化水平却并没有带来相应的高水平生活。因此，存在不同的城市化效率（质量），产生了不同的城市化经济绩效。本章首先对城市化与经济发展的关系进行论述，其次论述城市化与经济增长的作用机制，最后对中国城市化与经济增长的互动关系及城市化对经济增长绩效进行实证分析，从理论与实证方面论证为何要注重城市化效率。

3.1 城市化与经济增长的关系

经济增长与城市化都是政府、组织机构、学界关注的焦点，城市化一般是工业化和现代化的代名词，正处于快速城镇化过程中的发展中国家是否应该把促进城镇化作为经济发展战略的一部分，学术界也存在激烈的讨论，两者之间关系的研究成为学界的一个关注主题。

　　城市化与经济增长的一般规律认为，城市化与经济增长高度相关。学者做了大量相关的研究，一些学者研究认为，城市化与人口增长具有相同的规律，城镇化与经济增长之间呈"S"型关系，具有阶段性，在人均收入很低的阶段，城镇化发展较慢，在中间阶段有一个快速的增长，接下来又是一个缓慢稳步的增长，如戴维斯（Davis）、格雷夫斯（Graves）、周一星等，但是他们并没有对这一结论进行严谨的论证。亨德森（Henderson）则认为，城镇化并不完全遵循这个规律，通过对过去 35 年世界城镇人口与人均 GDP 的研究，发现城镇人口在经济发展较低的阶段就快速增长，随着一个国家完全城镇化了速度就变缓，认为城镇人口与人均 GDP 是一个简单的凹型曲线。笔者认为，很多学者在做实证研究时，采用的数据来源于不同发展类型的国家，不同的经济部门，不同的时间段，数据是横截面或面板数据，实证得出的结果可能会有不同。由于发达国家和发展中国家发展的阶段不同，这种把发达国家和发展中国家不加区分的数据处理过程会影响结果的准确性，而且这个结论意味着城市化水平最低的时候反而是经济增长最快速的时候，显然与经验不符。还有学者对城市化水平与经济增长的相关系数进行了计量计算，周一星收集了 1977 年世界 157 个国家和地区的截面数据，剔除了 20 个异常值，对 137 个国家和地区的数据进行回归分析，发现经济发展与城市化水平之间存在对数线性关系，相关系数为 0.9079。亨德森运用截面数据，计算得出城市化率与 GDP 的对数相关系数约为 0.85。大卫（David E.）收集了 180 个国家 2000 年城镇化以及收入数据，得出人均实际收入与城市化率的相关系数为 0.8。穆莫（Moomaw）通过回归发现，城市化水平与人均 GDP、工业化水平、出口导向和国外援助正相关，与农业比重负相关。西科恩（Ciccone）揭示了区域生产率差异的原因，研究了美国县级层面劳动力密度和生产率之间的关系，发现劳动力密度和生产率为正相关，劳动力密度每提高1%，促进生产率提高5%，并利用欧洲的数据进一步验证了这一观点，并指出，相比美国，欧洲国家生产率提高4.5%。得益于卢卡斯（Lucas）的内生增长模型框架，经济的内生增长是基于知识的溢出和共享，知识和信息会受到距离衰减效应，城市是一个集聚体，必然会发生空间的相互作用，产生知识溢出和共享，因此，经济的发展和城市化之间必然存在一种密切的联系。

要理顺城市化与经济增长的关系及之间的作用机制，首先要理解什么是城市化、城市的形成与发展。

3.1.1 城市化的内涵

二元经济论认为，城市化是城乡人口的迁移过程，建立了城乡人口迁移模型，把城市化假定为一个持续的过程，他们研究的是什么类型的市场失灵或政府政策阻碍迁移需要，因此，二元经济结构被称为城市偏见（city bias），但是，二元经济论并没有解释是什么力量促使产业在城市部门集聚。塔吉亚娜（Tatyana）认为，城市化是一个国家的城市人口相对于农村地区更快的增长，伴随着城市的经济更快增长，政治和文化上产生更为重要影响的过程。宋永昌把城市化定义为农村人口向城市集聚和农村地区转变为城市地区的过程。顾朝林将城市化定义为资源在产业地域上的重新配置，农村剩余劳动力从农业向非农业转移，以及农村向城市转移的过程。城市化主要表现为 3 个特征：一是非农产业比重不断上升的经济特征，二是城镇人口比重增加的社会特征，三是居民点景观和生活方式逐步向城镇方式转变的空间特征。所以，城市化的本质含义是现代化的标志之一，是一种生活方式，是一个综合的社会经济过程及一把双刃剑。享德森认为，城市化是一个国家的行业组成由农业转向工业以及农业技术的提高释放更多的劳动力由农村向城市迁移的过程。1975 年以来，发达国家之间城市化水平几乎没有什么变化，因此，城市化是一种短暂的现象，随着经济的发展，所有的国家将实现充分城市化。本书作者认为，城镇化形式上是农村人口向城市集聚，第二、第三产业在城市集聚发展的过程，实质上是经济活动集聚的过程。因此，城市化与经济增长的关系，实际上是集聚经济与经济增长的关系。

3.1.1.1　城市的形成与发展

恩格斯在《英国工人阶级状况》中这样描述城市集聚效应的力量："像伦敦这样的城市，就是逛上几个钟头也看不到它的尽头，而且也遇不到表明快接近开阔的田野的些许征象——这样的城市是一个非常特别的东西。这种大规模的集中，250 万人这样聚集在一个地方：使这 250 万人的力量增加了 100 倍；他们把伦敦变成了全世界的商业首都，建造了巨大的船坞，并聚集了经常布满泰晤士河的成千的船只。"

相比于集聚，人口和企业均匀地分布可以减少竞争和降低土地租金，但是，即使地表是完全均一的城镇仍然会产生，为什么人口与企业选择集聚在城市，应该有补偿收益比租金与竞争带来更大的效益。奥古斯特·勒施认为，这些收益来自可分为消费、销售和生产的利益，消费利益是可以提供比较多的商品品种，消费者可以对不同种类的商品进行比较购买，搜寻成本和出行成本减少。销售利益是对于企业而言更靠近市场，集聚在一起的需要同类或者不同类的企业会产生各种内部的节约和外部经济的利益，大量生产或者联合生产的种种利益会使某些区位上建立起较大的城市综合体而形成城市。借助马歇尔的外部性理论，城市经济学家解释了城市存在的原因：（1）地理的集中有利于培育专业化的供应商；（2）集聚有利于创造劳动力与消费人口的蓄水池，这样，即使一些企业不要雇用工人，劳动者也可以找其他的企业，一些产品这些消费者今天不购买，其他消费者也有可能购买；（3）地理上的临近有利于信息与技术的传播与交流。雅各布斯（Jacobs）认为，城市的更高密度意味着人口、货物及服务更大的多样性。这些收益可以弥补部分或者全部的租金损失。奥弗曼（Overman）认为，由于人口的集聚，产生对基础设施的大量需求，在城市投入的公共产品效率比农村地区高，一般而言，政府更愿意为城市提供更为完善的基础设施和服务设施，所以，工人与企业在城市都可以享受更为优越的公共产品和服务。那么，总租金和企业向员工支付的工资被增加的收益抵消且有余。当然，城市也不会无限制扩张，亨德森认为，对于每一个发展水平应该有一个最优城市化率，无论是过度或不足的城市化都有损于增长。因为随着城市的扩大，生产和生活成本会增大。藤田昌久等认为，城市的规模与城市间的距离在向心力（外部性经济）与离心力（外部不经济）的相互作用下在某一水平上稳定下来。亨德森就发现，拉丁美洲城市生活成本随着城市规模的扩大而增长。还存在一些非经济成本如环境，随着城市规模的增大，人口密度增加，人类对自然作用的强度增加。格莱泽（Glaeser）提出的证据表明，发达国家二氧化硫和臭氧的水平与城市规模是不相关的，但颗粒物浓度随城市规模扩大而增加。舒克拉（Shukla）发现，在发展中国家二氧化硫随城市规模的扩大有轻微的增加趋势。李（Lee）认为，在经济发展的初期，制造业集聚在首位城市，当一个国家处于低知识积累、依靠输入技术、发展资本有限的经济发展水较低阶段，集聚对其是很重要的，增强规模经济促进生产率的提高。但是，随着经济的增长到一定程度，规模的持续扩大会产生一种拥挤成本，增长的成本提高，影响生产效率的提高，为支撑起拥挤的首位城市的生活质量，需要从其他更有效率和创造力的生产活动中转移资源，土地成本、出行成本提高，出现了规模不经济，因此制造业开始向卫星城市转移，再转向农村地区和其他的城市。戴维斯（Davis）提出，城市的首位度与经济增长呈倒"U"型，城市的集聚会随着经济的增长先上升，达到一个峰值，然后在下降，并测算出这个峰值在人均收入 2000～4000 美元之间。而伯廷莉（Bertinelli）提出，最大化经济发展的城市首位度的范围是相当广泛的。奎格利（Quigley）指出，由于城市集聚产生的环境污染、拥挤成本、疾病风险等都是难以定价的，因此容易产生过度迁移和城市规模大于有效规模。当城市发展到一定规模，企业与人口向卫星城甚至农村地区转移，新的城市又会产生，形成城市群，因此城市群是未来城市发展的主体形态。上述分析可以得出，城市本身就是集聚的结果，集聚经济是城市的形成与发展的重要原因与动力。格莱泽指出，集聚经济理论在城市增长的背景下是最有说服力的。

3.1.1.2 集聚经济与经济增长

聚集经济的概念最早由德国经济学家韦伯（A. Weber）提出，他在 1909 年发表的《工业区位论》中提出，区位因子的合理组合使得企业成本和运费最小化，企业在空间上的集聚可以实现成本的节省。要分析集聚经济与经济增长的关系，应该理解集聚经济的本质是什么以及推动规模报酬递增从而产生经济的动力来源是什么？集聚效应对生产率的影响是会立即显示出来还是会产生滞后？等等，这些问题。

解释地理空间中人口与经济活动的集聚现象是新经济地理的基本问题，聚集经济的假设是收益递增，传统的区位经济理论提出的无差异空间和无运输成本等严格的假设前提与经济现实冲突。以亨德森为代表的城市体系理论学家则采用黑箱方式，把规模报酬递增当做局部的生产外生性来处理。由此，空间经济学这门学科在很大的程度上一直被排除在主流经济外，新经济地理学家采用迪克西特和斯蒂格利茨（Dixit and Stiglitz）的垄断竞争模型、冰山成本、动态演化等分析工具，解释了经济活动在空间上集聚的向心力（集聚效应）和经济活动分散的离心力（扩散效应）相互作用下经济活动的空间分布结构和特征。向心力来自投入品共享、知识溢出、丰富的市场等其他外部性经济，促进人口与经济活动的集聚；离心力来自不可流动的生产要素、土地租金、运输成本、拥堵、环境污染和其他的外部不经济。基于这些分析工具，克鲁格曼提出了经典区域空间模型：中心—外围模型，假设存在两个区域，每个地区由农业和制造业两部门组成，这两个部门仅适用劳动力一种资源，分别为工人和农民。农业部门的运输是免费的且规模报酬不变，制造业部门存在"冰山成本"（即将固定比例运输成本引入模型）且规模报酬递增。农民在两地区间不可流动，而制造业的工人可以自由流动，意味着制造业工人可以根据工资的高低选择流向。农业部门产品同质，制造业部门产品有差异。模型得出了生产结构随运输成本的变化出现非线性关系，当运输成本足够高，制造业在两地区均衡分布，当运输成本下降到某一临界水平之下，制造业就会向一个地区集聚。一个地区较大的制造业份额意味着更强前向关联效应和后向关联效应（制造业份额越大，生产者越多，意味着较大的生产需求和消费需求，能够支撑较大的生产资料和消费品的供给市场）。较大的市场可以促进价格指数的降低，带来企业支付的实际工资也就越高，吸引更多的工人流入该地区。因此，前向关联和后向关联作用进一步支撑了中心—外围模式，生产的空间集聚一旦形成很容易延续下去。在这种情况下，由于运输成本下降带来的集聚向心力使一个具有初步制造业优势的地区经过规模经济、价格指数效应及累积循环因果效应而变得更为强大，制造业将向一个地区集聚，呈现非均衡发展态势，经济将演化为中心—外围模式。该模型通过微观机制解释了经济活动集聚的一般均衡理论，分析了聚集经济是如何从个体生产者水平上规模报酬递增、要素流动、运输成本三者之间的互动中产生。

最早确切讨论本地化集聚的微观基础是来自马歇尔（Marshall，1920）提出的投入品共享、知识溢出、劳动力市场水池，马歇尔是这样描述的：当一个企业选择了一个生产地址，它很可能会长期待在那里：人们同相邻的彼此遵循同样的熟练的贸易获得的利益是如此之大，行业的秘密变得毫不神秘，就像是在空气中，孩子们也在不知不觉中学会了很多……。雇主很容易在任何地方找到与他们所需要的特殊技能相符的理想的工人……。一些学者提出，专业化的劳动力、信息溢出、更容易获取中间投入为推动生产率提高的三驾马车。各种其他的关于集聚解释的研究由此延伸展开，罗森塔尔（Rosenthal）等归纳出了七个集聚经济来源：专业化的劳动力、信息溢出，投入品共享、资源优势、国内市场效应、消费机会及寻租。格莱泽指出，"目前仍未对集聚经济不同来源的相对重要性达成共识"。基于集聚经济的微观基础，城市经济与区域经济领域建立了一系列的解释集聚经济现象的理论模型，如将集聚经济的外部性视为"黑匣子"的集聚经济模型、基于知识外溢的集聚经济模型、基于消费者多样性偏好的集聚经济模型、基于中间投入品的集聚经济模型、基于劳动力供需匹配的集聚经济模型、基于消费不完全信息的集聚经济模型，为集聚与增长整合的模型提供了基础。

集聚经济的假设是收益递增。罗森塔尔总结了集聚对生产率的效应至少在三个维度上延伸：产业集聚、地理集中和时间范围集聚。集聚经济从产业维度又可以分为集聚本地化经济（行业内集聚）与城市化经济（跨行业的集聚）两种集聚形式。本地化经济是指同行业内企业集聚，即同一行业的企业集聚在一特定地区以获得外部经济，减少成本，提高生产率。城市化经济是指多个不同产业的企业集聚在同一个城市，共享城市基础设施和集聚经济产生的正外部性。一些学者开始研究比较集聚的本地化经济和城市化经济对增长的影响，实质是马歇尔专业化经济与雅各布斯的多样化经济之争。支持专业化发展的学者认为同类产业的集聚可以加快创新成果的吸收和改进，多样化会产生拥挤；而支持多样化发展的学者认为多样性可以互补，互补的技术交换更能促进创新从而促进发展。亨德森采用的是巴西和美国的数据，同时研究了集聚的本地化经济与城市经济，城市经济集聚用城市的总就业人数代替，本地化经济集聚由产业就业人数代表，得出几乎不存在城市化经济，而本地化经济大量存在。格莱泽认为，重要的技术溢出效应来自产业间，而不是产业内部，支持雅各布斯的多样化理论。迪朗东（Duranton）等则提出，随着技术在交通与通信方面的进步，企业的生产部门与他们的总部分离的成本更低，城市正在由产业的专业化（集成生产部门和总部）向功能专业化转变，大城市聚集总部和商业服务，商业中心很少，但是一般很大；工厂集中在较小的城市，而制造中心是比较多，但是规模较小。帕特丽夏通过实证分析发现，服务业更容易从城市化集聚中获益，而制造业对于整个经济的规模没有明显关系，服务业更趋向于向大城市集聚，而制造业向大城市边沿或小城市转移。总的来说，很多研究者都试图从实证方面论证专业化与多样化对增长的影响，研究的角度不同、数据的不同都会影响结果，其实多样化对增长有益和专业化对增长有益并不矛盾，一方面，因为城市产业的多样性的重要性本身并不排除在特定行业的集中产业专业化效应。另一方面，在不同的城市发展阶段，专业化与多样化对增长的影响各异，专业化也会培育出多样化，专业化促进生产率的提高，形成一定的影响力，进一步吸引企业集聚，推动经济增长，收入提高，城市人口增加，相关的配套服务业就会增加，城市的多样化迅速发展，多样化给城市带来新的增长点，提供更多的发展机会，城市更具活力。随着城市规模的扩大，产生拥挤成本使一些传统的制造业开始转型升级或者向规模较小的卫星城或欠发达的地区城市转移，推动了新的城市形成和发展，同时，对于产业迁入的城市来说，带来了就业、税收及更为科学的管理技术，等等，因此，针对不同的发展阶段，战略侧重点各异。此外，在不同规模的城市，专业化与多样化对增长的影响也有差别，城市规模越大，人口越多，需求越大，越能产生"市场效应"，可以支撑多样化的形成，而对于规模较小的城市，有限的资源难以支撑多样化的发展。因此，城市发展政策制定不能盲目追求"小而全"，对于中小城市，重视马歇尔外部性专业化的发展，培育特色支柱产业，促进生产率提高；而对于城市规模大的城市，多样化则可以满足不同的需求，可以培育多样的经济增长点，使城市的发展更具活力与稳定性。

在地理维度上的集聚的一个重要特征是集聚随着空间距离扩大而衰减，因为空间距离越靠近，则有更多的发生相互作用的可能，空间距离靠近的收益是城市形成非常重要的原因。

时间维度上的集聚反应的是集聚的累计效应，是一种动态效应。对于动态聚集效应可以从两方面去解释，一方面，历史的经济活动会对现有的地区产业存量和贸易形态产生影响，从而影响未来城市的增长；另一方面，考虑到在生产层面上的知识溢出效应，相互学习是一个逐步积累的过程，知识的积累会提高生产率，从而扩大城市规模和促进经济内生增长。

估计集聚外部性对经济产出影响的标准方法是使用生产函数，如式（3-1）和式（3-2）所示：

$$y_j = g(A_j)f(X_j) \qquad (3-1)$$

$$A_j = \sum_{k \in K} q(X_j, X_k) a(d_{jk}^G, d_{jk}^I, d_{jk}^T) \qquad (3-2)$$

式（3-1）与式（3-2）中，Y_j 为产出，$f(X_j)$ 为传统投入（土地、劳动、资本、原料），A_j 为集聚经济函数，城市的外部性效应大小来自于个体生产者外部性的总和，j、k 为两个企业，企业 k 对 j 的影响取决于两个企业的活动规模，也取决于两个企业之间的距离，这种集聚来自于三个维度，d_{jk}^{G} 为企业间地理距离，d_{jk}^{I} 为企业间的产业距离，d_{jk}^{T} 为时间维度距离。$q(X_j, X_k)$ 取决于企业活动规模的相互作用收益。对于生产函数需要解决的内生性问题，亨德森（2003）实证研究发现，二阶段最小二乘法（2SLS）和广义矩估计（GMM）方法无效，得出使用固定效应控制内生性更具优越。虽然该生产函数内的各个维度的集聚效应的计算存在很大的挑战，但是函数提出把集聚经济效应作为增加产出和减少成本的技术加以内生化处理，集聚经济可以通过提高投入要素的边际生产率来提高经济总量。

还有一些学者通过间接的方法来分析集聚与增长的关系，证明集聚经济的存在，如格莱泽衡量集聚效应对就业的增长的影响，通过对 1956～1987 年 170 个美国城市的典型行业数据进行研究，发现本地化竞争以及城市多样性促进就业的增长。惠顿（Wheaton）等利用衡量集聚效应与工资水平的影响，通过数据研究发现，拥有相同职业和行业组织，在一个国家占有较大份额城市劳动力市场的城市拥有更高的工资。在竞争激烈的市场，支付给劳动力的价格为产品边际价值，因此，在生产率越高的地方，工资水平越高。获克（Dekle）等采用租金来衡量集聚的效应，如果企业在某一特定位置比所有其他条件相同的地方支付更高的租金，那么该位置必须有一定的生产率的补偿。就业的增长、工资水平的提高和租金的上升反映了集聚经济的存在，并且间接地反映了集聚促进生产率水平的提高，从而促进增长。

一些学者也证明了集聚经济具有内生性。克鲁克曼（Krugman）认为，集聚的形成和延续都源于集聚经济，空间的集中本身创造了有利于经济发展的环境，从而进一步支撑人口或经济活动的集聚。罗森塔尔等认为，生产活动之前的经济活动可以为生产提供投入品，生产前的经济活动越多，投入品市场也就越丰富，这就意味着集聚可以通过允许未来活动以较低的成本促进增长，因为预先存在的投入的成本将随经济活动数量的增加而减少，经济增长通过提供给企业更高的投资回报率，吸引企业进一步增加投入，促进集聚。只要当前的经济活动能够创造未来的企业可以利用的生产要素（如物质投入、劳动力资源或本地化知识），集聚将促进增长。鲍尔温（Baldwin）等认为，增长与集聚是一个相互统一的过程。因此，实际上集聚与增长是相互作用的动态过程，集聚经济促进生产率的提高，生产率的提高促进盈利的增长，利润的增长促进经济增长。而经济的增长往往能形成较好的发展基础和发展环境，促进资源的高效率利用，从而进一步促进各种生产要素的集聚。这一定程度也解释了为什么我国沿海发达地区城市分布密度大，因为发达地区集聚了大量的生产要素，集聚效应进一步提高增长速度，说明集聚经济可以提高生产率和促进生产地区更快地增长，形成较好的发展环境，各种资源纷纷流向效率高的地区，从而使生产要素又进一步集聚，地区间的差距也持续扩大，集聚经济导致区域非均衡性增长。

大量的证据表明，城市化与经济增长相关。能否从理论上论证两者之间存在相互促进、互为因果的关系，直接关系到一国城市政策的选择，是否可以通过推动城市化进程促进经济发展？一些国家采取的限制城市发展的政策是否可行？等等。

3.1.2　城市化与经济增长相互作用机制

对于城镇化与经济增长之间的作用关系有两种观点，一是认为经济发展对城镇化有重大的推动作用单向传导，二是认为城市化与经济增长是双向传导关系。

3.1.2.1　经济增长作用于城市化

一些学者认为，经济发展对城镇化有重大的推动作用单向传导。如盖洛普（Gallup）等认为，城市化是经济发展的结果而不是促进经济发展的一个原因，大卫认为，没有证据表明城市化水平会影响经济增长速度，指出 1960～2000 年，非洲和亚洲的城市化水平都从 20% 上升至 36%，但人均收入亚洲增加了340%，而非洲国家却只增加 50%。在一些情况下，由于政治的不稳定使难民离开家园流向城市，还有自然灾害，毁坏了乡村的经济基础，使农民为了生存迁移至城市，以及政府的一些对城市的倾斜政策推动农村人口流向城市，这种被动型的快速的城镇化并没有带来相应的经济增长。费伊（Fay）等也认为，一些非洲国家即使在负增长时期，城市化进程也在推进，推动城市化水平提高的不是经济增长而是收入结构，教育，城乡工资差距，种族紧张局势和内乱，城镇化并不是经济发展的充分条件。

如图 3－1 所示，经济增长对城市化有重大的推动作用，从需求角度分析经济发展对城镇化作用的影响，经济的发展带来收入的增加和技术的提高，收入的增加会影响需求结构发生改变。本书尝试从需求的收入弹性角度去解释，需求的收入弹性表示在一定时期内，消费者对某种商品需求量的相对变动相应于消费者收入相对变动的反应程度，如式（3-3）所示：

$$E_i = \frac{\Delta Q/Q}{\Delta Y/Y} \qquad (3-3)$$

一般而言，当 $E_i < 0$，说明该产品为低档品；当 $0 < E_i < 1$，为正常商品；$E_i > 1$ 说明富有收入弹性，一般为奢侈品。在现实世界中，收入水平对需求收入弹性的影响重大，对于低收入的国家，维持基本生活的食物为奢侈品，其需求收入弹性较高；而对于高收入国家，食物为生活必需品，其需求的收入弹性较低。当一个国家处于经济发展水平较低阶段，人们收入较低，大部分的收入只够支付满足生存需求的农产品，农产品是富有需求收入弹性的，而对工业品和服务的消费有限。随着经济发展，人们收入提高，农产品的需求收入弹性下降，工业品和服务需求收入弹性上升，农产品消费占收入的比重下降，人们倾向于选择用收入中更大的比例来消费工业品和服务，意味着需要更多的劳动和企业来生产工业品和服务，推动产业结构和就业结构的改变，农村人口向发展第二、第三产业的城市集中。

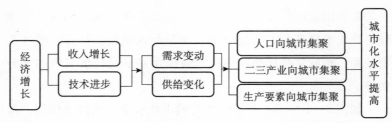

图 3-1　经济增长作用于城市化过程

从供给角度来看，随着经济的发展，引起资本、技术等的供给的变化，从资本供给来讲，当一个国家处于经济发展水平的较低阶段，人们的收入较低，其收入大部分用于维持生存，没有积累资本用于发展，驱动城镇化的发展的动力也就有限。随着经济发展，收入提高，在农业部门，人们有了资本用来改善农业生产，人均生产率提高，农业部门生产要素中可以增加资本的投入代替部分劳动力的投入，产生了剩余劳动力。而在城市部门，随着资本积累的增加，企业可以用来扩大生产规模，雇用更多的劳动力，促进了农村人口向城市的迁移。从技术供给的角度来看，就如路易斯（Lewis）所说的机器会减少劳动的雇用，在农村部门就是一个人口过剩的经济，农业技术的进步使更多的劳动力从农业部门转向城市的制造业与服务业，工业技术的进步促进内部产业的专业化分工和地区产品的多样化，进一步推动消费，提高生产，工业部门对劳动力更多的需求，从而促进农村人口进一步向城市转移，城市人口比重增加，城市化水平提高。

3.1.2.2　城市化作用于经济增长

有学者认为，城市化与经济增长是双向传导关系，经济增长促进城市化水平的提高，城市化反作用于经济发展，城镇化与经济发展是齐头并进。总的来说，大多数学者都倾向于这个观点。亚当·斯密在《国富论》第三篇诸国民之富的进步中有这样的描述：农村供都市以生活资料及制造资料，都市则报以农村居民一部分制造品，这种分工的结果于两方从事各种职业的居民，全有利益，因为交换，他们可用较小量的自身劳动购得较大量的制造品，都市是农村剩余产物的市场，农民用不了的东西，都拿到都市去交换他们需要的物品，都市的居民越多，其居民的收入愈大，则所福利的人数愈多，所福利的程度愈大。其实质指出城市化推动分工与贸易，从而推动国民财富的增长。周一星指出，人口向城市集聚是劳动分工逐渐完善和生产力不断发展的必然结果和必要前提，并提出我国经济的顺利发展会促进城市化进程的加快，反过来，城市化水平的提高又有利于控制人口增长，提高科技水平，促进劳动生产率提高，改善农业农村发展状况从而促进整个经济的发展。格莱泽研究得出城市的边际产出要比其腹地高30%左右，也就是比起农村，城市更能促进生产率水平的提高，从而促进经济增长。卢卡斯也提出，在发展中国家，从农业生产向制造业和服务业转变的城市集聚为经济的发展做了很大的贡献。麦科斯克（McCoskey）探索城市化水平和产出之间的关系，采用道格拉斯函数，使用了22个发达国家和30个发展中国家数据，运用非平稳面板技术研究得出从长期来看，城镇化对经济增长的促进作用不能忽视。春中（Chun－Chung）通过对1990～1997年中国城市进行实证分析，得出大部分的地级市都比最优规模小40%，由于不集聚造成很大的效应损失，双倍的扩大农村工业产业和城市集聚的规模会大量地提高国内生产总值。针对一些学者提出的非洲城市化对经济增长存在的质疑，凯西德斯（Kessides）解释得出，非洲城市人均收入比全国平均水平高出65%，城市贫困率普遍低于农村，并进一步指出过去几十年经济的发展主要来源于城市工业和服务业的增长，但是城市发展没有达到潜在的生产水平是由于普遍忽视或者不善的城市管理，城市贫困并不是证明非洲城市经济的失败。伯廷莉提出，空间的重新分配，而不是限制城市化，可以弥补过度城市化的成本，城市化水平的提高促进人力资源的积累，促进生产率的提高，从而促进经济的发展。世界银行也提出，城镇化不仅是经济发展的结果，而且是经济发展过程的一个重要组成部分。奎格利认为，城镇化与经济发展因果关系是明确的，不管是在发达国家还是发展中国家，城镇化是经济发展、生产率提高、收入增加的重要助推器，发展中国家应该采用促进城镇化的政策。霍韦尔（Hoover）也提出，城镇化水平与人均收入高度相关，高生产率一般发生在城市，城市的就业推动经济的增长。徐雪梅认为，城市化与经济增长之间存在一种相互促进、互为因果的关系，而且城市化与经济增长的关系侧重点前后有所不同，在前期，经济的增长推动工业化的发展，工业化的进程促进人口向城市的集聚，在后期，主要表现为城市化水平的提高，生产的集约化、生活的集约化、管理的科学化和人力资本的积累促进生产效率的提高，进一步促进了包括工业化在内的整个社会经济的发展。邓肯（Duncan）认为，地方信息和技术溢出推动了经济活动集聚和人力资本积累，从而促进内生经济增长，使城市成为国家经济的发动机。城市化会强烈地影响一个国家的经济效率，同时还会影响经济体系内收入的不平等程度，反过来，经济增长又会影响城镇化进程，带动生产空间的演化和人口的集聚，并提出要关注城市增长效率问题。在大多数国家，城市化是一个基于工业化和后工业化的必然结果，并刺激经济发展。

城市作为经济活动集中的场所，可以为生产提供庞大而多元化的劳动力资源，更接近市场和供应商，可以快速地对需求的改变做出有效的反应，使产业的专业化成为可能，通过整合教育更容易孵化新的思想和新的技术。城市经济学家认为，外部溢出效应、人力资本积累是城市化反作用于经济的重要因素，这些因素促进技术进步，进一步提高工业化，推动生产率水平提高，从而促进经济增长。集聚经济理论指出，企业可以获得经济活动空间集聚的正外部性，这些效应来自集群活动企业内部以及行业内。外部溢出效应是来自多方面的：技术、供应商、购买商以及市场条件等信息的溢出是集聚经济的一个重要外部性，而且同类企业的集聚产生大量的交流模仿机会促进生产效率的提高；一个地区集聚更多的工人，更多的人在这一地区进行居住和消费，大量的人口可以支撑产品的多样化，而且还创造了很多熟练的工人，从而进一步提高生产率，居民的实际收入上升，更多的工人吸引来这一地区，形成一个良性循环。大量企业集聚在一起，就能形成足够的市场支持专业化分工生产，专业化生产可以带来效率的提高及成本的降低。经济活动的集聚可以促进劳动力市场和商品市场的匹配，减少搜寻成本，从而降低交易成本；买卖双方的接近还可以减少交通成本；共享基础设施如交通、通信等。集聚促进竞争，竞争要求只有更具生产率企业才能生存，从而促进企业生产率不断提高。内生经济理论就强调了人力资本和技术积累对经济增长的重要性。城市一般在教育方面具有更多的投资，城市居民一般比农村居民受教育程度更高，从农村向城市迁移的居民一般比不迁移的居民受教育程度高。可以说，城市化促进了人力资本的积累，使城市成为经济增长的动力。虽然技术与信息的外溢会受到距离衰减效应影响，但是集聚也会产生拥挤成本，往返费用和地租存在着类似于冯·杜能的取舍，远离集聚地可以支付更低的工资和地租，从而形成一股离心力，促进形成新的中心，新的城市出现，城市数目更多，形成城市群，成为经济的增长引擎（见图 3－2）。

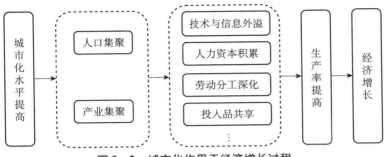

图 3 - 2　城市化作用于经济增长过程

　　城市的发展还会带动农村地区的发展，亚当·斯密在国富论中提到，城镇的增设与繁荣，对于所属农村的改良与开发颇具贡献，其一是城镇的发展可以为农村农产品提供一个巨大而便宜的市场，刺激了农村的开发和进一步改进。其二是城市居民获得的财富，常用于购置土地，进行大规模专业化的生产来获取利润，直接促进了农村的开发和进一步改进。在我国，城市的发展为农村剩余劳动力提供了大量的工作岗位，大批农民工进城务工获得收入，改善了农村居民生活水平，消费水平的提高也推动了农村地区经济的发展；部分农民还通过外出务工实现资本积累和技术积累，返乡创业，将现代技术、生活方式和经营理念引入农业，推动了农村发展质量与效益的提高，促进农村地区的开发和进一步改进。同时，城市化的推进促进了大量农村剩余劳动力的转移，缓解农村土地不足压力，降低农村隐性失业数量，为农业现代化创造了规模化经营条件，提供农业产业化经营环境和技术支持，城市化推动了农业现代化，带动农村地区的现代化发展。

3.2 中国城市化特征与城市化经济绩效测度

目前，中国城市化水平如何？中国城市化到底对经济增长的推动作用有多大，经济绩效如何？我国把推动城市化发展作为经济发展战略一部分是否合理？全国区域尺度、东中部区域尺度、西部区域尺度是否存在区域差异？这些问题的探讨对于服务现实国家的宏观决策具有重大的意义。

3.2.1 中国城市化特征分析

学者研究的另一个热点是城市化效果差异问题，城市化的经济绩效差异是引发对城市化与经济发展互促关系质疑的重要原因。如发展中国家拉丁美洲地区的国家的城市化率 1975 年、2010 年分别为 60.7%、78.8%，有的国家如委内瑞拉 2010 年达到了 93.3%，而同期，西欧国家的城市化率分别为 72.3%、79.5%。1975 年和 2010 年，拉丁美洲的人均 GDP 分别为 1211 美元和 8451 美元，同期，西欧国家为 4205 美元和 32074 美元。一些发展中国家虽然城市化水平有了很大的提高，有的国家甚至超过了西欧发达国家的城市化水平，但是并没有取得相应的经济绩效，城市化水平的提高并没有带来如人们预期的经济水平和生活质量的提高。如：在发展中国家，大部分存在基础设施的供给滞后于需求，发达国家城市的供水、供电、通信覆盖几乎是 100%，而发展中国家还存在很大的差距，如 2010 年，阿富汗城市通电率仅为 30%。发展中国家还面临严峻的城市贫困问题，据联合国人居署（UN - HABITAT）2007 年统计，城市人口中约有 10 亿人居住在贫民窟中，而且预计到 2030 年这一数据还要翻倍，90% 以上的贫民窟居民在发展中国家，据调查，这些城市移民的经济状况还不如乡村居民。即使是在发展中国家内部，由于存在巨大的地域、文化、社会经济差异，城市化绩效也产生了很大的差异，如费伊指出，一些非洲的国家甚至城市化与经济呈现负相关。城市化过度和城市化不足都会对经济产生不利影响。所以，不是盲目地推动城市化的发展，更应该关注城市化的质量与效率，过度和不足的城市化都会导致资源配置的低下，从而影响经济的发展。而发展中国家普遍存在城市化质量与效率不高的问题，导致很多国家即使城市化增长速度较快却并没有带动相应经济的快速增长。关于经济发展与城镇化关系的实证研究，对于正在快速城镇化过程中的发展中国家来说具有重要的现实意义。

不同的国家有不同的城市发展道路，就会产生不同的城市发展质量与效率，城市化经济绩效也不同。中国的城市化有以下特征。

（1）人口向城市大量集中，城市承载压力增大。由于中国人口基数大，城市化率每提高 1%，就意味着城市人口绝对数大规模的增加，从改革开放到 2012 年，中国城市人口增加了 5.4 亿。一方面，城市化会产生很多失地农民。城市化促进了城市规模的扩展，大量的农用耕地被征收或者征用，产生了大量的失地农民。很多的失地农民由于受教育程度低，生活观念不同，进入城市以后可能丧失了工作的能力或就业机会。根据四川大学人口研究所对城乡统筹下重庆近郊失地农民就业调查结果显示，只有 33.3% 的失地农民实现了就业，11.7% 的失地农民在城市打短工，多达 55% 的失地农民处于无业状态。这部分人在城市生活，往往生活贫困，生活质量下降。另一方面，大量的农村人口涌入城市工作和生活，2013 年，农民工人数达到 2.69 亿人，由于普遍受教育程度低，缺少技能培训，春中提出，中国农民工式的人口迁移被称为返回迁移（return migra-tion），会减少企业对劳动技能培训投入的动力。由于长期的二元结构体制存在，他们的劳动报酬、子女教育、社会保障、住房等许多方面并不享受城市居民待遇，这是半城市化现象，是一种不完全的城市化过程，很多人生活水平虽然有一定程度的改善，但是并没有真正摆脱贫困，引发一系列的犯罪、自杀等社会问题。另外，人口在城市的快速增长，城市交通压力变大，城市交通拥堵现象明显，上海、北京、天津等一些城市都相继开始限车牌；城市人口迅速增长，城市住房需求也不断增加，城市土地资源、空间资源逐步减少，这些都影响了城市居民生活质量。

（2）城市管理滞后。我国城市化进程速度快，城市化水平从 10% 上升至 50%，我国仅用了 61 年，拉丁美洲和加勒比海地区用了 210 年，欧洲用了 150 年，北美用了 105 年。快速的城市化意味着调整和学习的时间少，相应的城市基础设施不完善，城市现代化水平偏低。由于追求经济的增长，存在土地资源配置不当的问题，工业用地比重偏高，据统计，我国城市工业用地一般占到城市建设用地的 20%，但在一些发达国家，这一比例一般是 10%，如纽约、东京这样的大城市，工业用地只占到整个城市的 5%。而商业用地、生活用地、公共设施用地偏低，很多城市的道路、广场、公共绿地等城市服务型用地严重不足，引发交通拥堵、住房紧张、绿地不足、环境恶化等城市病问题。总体而言，目前，我国的城市仍以生产型功能为主，城市生活型功能发展滞后，这严重影响了城市发展质量。同时，我国城市还普遍存在城市建设与管理人才培养没有跟进的问题。很多城市都出现了规划不到位，不断进行大拆大建，不断到处开挖道路，既浪费资源，又污染环境，给居民生活还带来不便。城市的社会经济体制改革滞后于城市发展，使我国城市在发展过程中产生了社会、经济、环境等诸多的问题、矛盾与冲突，不利于城市发展质量与效率的提高，在一定程度上也限制了城市经济绩效的提高。

（3）区域城市发展不平衡。城市人口空间分布不均，东部沿海地区经济发达，人口稠密，城市分布密集，形成了京津冀、长江三角洲和珠江三角洲三大具有世界影响力的城市群。也发展了一批特大城市，2011年，全世界人口超过千万的特大城市有23个，我国东部的上海、北京、广州、深圳占了4个。而西部地区城市发展基础薄弱，城市密度低，东部地区的城市密度是西部地区的10倍以上。2011年，西部地区城市化水平为43%，低于全国平均水平8.45%，西部城镇居民人均可支配收入18159元，低于东部城市26406元的平均水平。许多其他国家的政府一直关注人口的空间分布问题，据调查，2009年，83%的政府表示对自己国家的人口分布格局的关注，在发展中国家，58%的政府表达了对其国家人口的空间分布进行重大调整的愿望，28%的政府希望实现轻微的调整；在发达国家，则只有29%的政府认为需要对其人口空间分布进行重大调整，43%的政府则希望轻微调整。

（4）城市化滞后于工业化。工业化与城市化均是经济发展的重要指标，两者存在密切的关系，只有正确处理两者之间的关系，工业化与城市化才能相辅相成、相互促进，否则会产生病态的城市化与工业化问题。很多发达国家，城市化与工业化是同步发展，以拉美和非洲的一些发展中国家为代表的国家其城市化超前于工业化，即过度城市化，带来了就业困难、住房拥挤、人口密集、环境恶化、交通拥堵、社会不安定等严重的"城市病"。在我国，有学者指出，剔除虚假的城市化水平，中国当下是 35% 的城市化水平对应于 47% 的工业化率，而世界的评价水平是 70% 左右的城市化水平对应 26% 的工业化率，我国的城市化水平仍滞后于工业化。其主要表现为：我国走的是先非农化再城市化的道路，1990 年，我国的工业化水平达到工业化国家 20 世纪 60 年代的平均水平，但城市化水平却比工业化国家低 40% 以上（黄树强，1997）。2014 年，能够享受城镇社会公共服务的城镇户籍人口比重为 37.1%，城镇常住人口比重为 54.8%，与此同时，非农业就业人员比重为 70.50%，第二、第三产业占 GDP 的比重为 95.2%。非农业从业人员比重远高于城镇常住人口，更明显高于城镇户籍人口比重。工业化水平的提高代表经济向现代化转型，城市化水平的提高代表社会向现代化转型，城市化滞后于工业化，造成我国经济发展与社会发展的不协调。工业化创造就业，可以有效地吸收农村剩余劳动力，为城市化提供了经济基础，城市化为工业化提供了广大的市场，滞后的城市化制约了消费的增长，导致内需增长乏力，工业产能过剩等问题。反过来，工业的发展也受到限制，城市化水平的滞后也不利于农村剩余劳动力向城市转移，则不利于农业现代化的实现，城市化滞后于工业化会制约我国经济社会的发展。

（5）城市的二元性特征明显。我国城市化进程中二元结构特征明显。如图 3-3 所示，1978 年，我国城市居民人均可支配收入与农村居民人均纯收入比为 2.57：1，从 1985 年开始，这一差距在波动中逐步扩大，在 2009 年达到峰值，之后呈现下降的趋势，到 2014 年，这一比重达到了 2.97∶1，这表明我国城乡收入水平差距悬殊。除了城乡二元结构，城市内部的二元结构特征也明显，由于教育条件、程度、水平及科学文化素质等自身因素的限制，农民工进城就业主要集中在建筑业、制造业、加工服务业等劳动密集型行业的私营单位。从收入情况来看，据统计数据显示，2014 年，城市私营单位就业人员平均工资为 36390 元，城市单位就业人员平均工资为 56360 元。尽管农民工在城市工作与生活，但是存在就业门槛、同工不同酬等问题，以及不能享有城市户籍市民同等的公共社会福利，出现了引人注目的"半城市化"现象，而政府在保护农民工享有城市居民平等公共服务方面存在职能缺失，使得大部分农民工特别是新生代农民工有在城市定居的意愿，但是向城市市民转换的困难，造成半城市化现象在我国很多城市尤其是特大型城市越来越明显。城市二元结构特性妨碍了农村剩余劳动力的转移，降低农民城市化的能力、动力及意愿，延缓了我国城市化进程（简新华，2009）。城市的二元性特征带来了许多新的社会问题与社会矛盾，是影响我国现阶段城市化效率与质量的关键因素。

图 3 - 3　改革开放以来城乡居民收入比

数据来源：通过《中国统计年鉴》数据计算得到。

　　中国的城镇化道路被认为是独特的，因为它既不与发达经济体一样，也没有重复发展中国家的道路。改革开放以来，中国的经济增长速度令世界印象深刻，近些年来，随着大力推进城市化进程战略的实施，中国的城市化速度也引起了关注。总体来说，中国经济增长速度快于城市化速度，但增长速度的差距有缩小的趋势（见图3-4）。

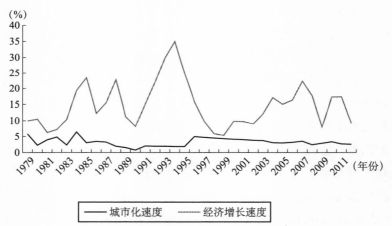

图3-4　改革开放以来中国城市化与经济增长速度

数据来源：通过《中国统计年鉴》数据计算得到。

3.2.2　中国城市化经济绩效测度与分析

　　对于城市化经济绩效的测度，科洛马克（Kolomak，2012）通过对俄国79个地区2000～2008年数据研究得出，城市化水平每提高1%，生产率水平提高8%，但是，城市化水平对经济增长的效应在降低。卡拉里克（Kalarickal）计算了发展中国家城镇化对经济增长的效应，得出城镇化每上升1%，人均收入上升 0.6～0.8%。马库斯（Markus）发现，非洲农业比重的增加促进人均 GDP 的增长，城市化水平的提高对人均 GDP 的增长具有负效应。沙基尔和穆罕默德（Sakiru and Muhammad）用协整与因果关系分析了安哥拉 1971～2009 年电力消费、城镇化及经济增长之间的关系，发现三者之间存在长期的均衡关系，但是内战期间，城镇化发展降低了经济的增长。国内也有很多学者研究对城镇化对经济增长的贡献进行了研究。白南生分析认为，城市化是推动经济增长的重要动力，其分析"十五"期间中国城市化率每提高 1%，对经济增长贡献达到 3%。李秀敏等基于 1978～2004 年中国 28 个省（区、市）面板数据，采用一元回归模型分析，得出城镇化可以解释东部、中部、西部三大地区经济增长的 30% 以上，且城镇化对经济贡献为西部＞中部＞东部。朱孔来等通过建立面板数据固定效应的变系数模型发现中国城镇化水平每提高 1%，可以促进经济 7.1% 的增长。徐雪梅从宏观和微观层面上分析了城镇化对经济增长推动的作用机理，进一步论证城镇化对经济增长具有推动作用，通过对 2002 年 266 个地级以上城市的城市化水平和人均 GDP 进行计算，得出 2002 年我国城镇化水平每提高 1%，推动人均 GDP4.17% 的增长。很多学者都开始关注城市化的经济绩效问题并做了很多相关的研究，但是以上的研究都忽视了空间的重要性，研究人员通常隐含与假设位置之外的活动对场所内的活动没有影响。换句话说，也就是空间影响因素常常被忽略。很多的文献研究了第一自然定律对城市增长的影响，但是忽视了市场的地理因素和周边城市增长的作用。由于相邻的区域意味着有更大的市场、更多的消费者和更多的竞争者，相邻区域的主体之间相互影响会带来显著的外部溢出性，相邻的城市受周边城市的影响比孤

立的城市更大，克鲁格曼提出，企业的溢出效应不会因为地理
行政边界的原因留在该企业初始投资的地区，波特（Poot）认
为正是区域经济的相邻效应和整体效应，地区间差异发展和集
聚经济成为必然。地理的差异和地理对经济增长具有不可忽视
的作用，地理的第一定律指出，地理是事务或属性在空间上互
为相关，忽视地理空间效应则可能导致有偏的模型。笔者在基
于已有的研究成果的基础上，首先建立了经济增长与城镇化水
平的 VAR 模型，初步探讨经济发展与城镇化水平之间的相互关
系；然后收集面板数据，采用空间计量模型，既考虑了时间尺
度的相关性，又考虑了空间尺度的相关性，因此，对我国城镇
化对经济增长的影响的贡献度进行更加科学的研究。

3.2.2.1 相关变量的选择与数据来源

相关变量的选择：对于因变量的选择，一般来说，GDP、
人均 GDP 这两个指标都能很好地反映经济增长水平，为了消除
人口规模因素的影响，本书选择人均 GDP。对于自变量的选择，
一般来说，关于城市化发展水平的常用衡量指标主要有单一指
标法、多项指标法，其中，一直处于主导地位的方法是人口比
重指标法，本书选择人口城市化率 CZH。

为消除原始数据可能存在的异方差，对自变量和因变量数
据进行取对数处理为 lnRGDP 与 lnCZH。

基于 VAR 模型分析的数据选取 1978～2011 年全国人均
GDP 与人口城镇化率的时间序列数据，主要原因是改革开放以
前，我国的城市发展受高度集中的计划体制的制约，受自上而
下的行政性政策的影响明显，城市运行机制具有非商品经济的
特征，政府是城市化动力机制的主体。我国的城镇化经历了曲

折的过程：1949 年，党的七届二中全会提出，全国工作重心由农村转向城市；1954 年，建工部提出，重点推进和建设城市发展的指导方针，推动了一批工业型城市的快速发展；1949 ~ 1957 年，这一时期是正常的城市化阶段；1958 年开展的"大跃进"运动导致城镇人口快速膨胀，城市化率由 12% 上升至 19%，超过了与当时经济发展相对应的城市化水平，出现了过度城市化。1961 年，中共中央举行工作会议制定了减少城镇人口的政策，对城镇化的发展产生了较大的抑制。1967 ~ 1977 年，城镇知识青年上山下乡、百万机关干部下放，城镇化水平停滞不前甚至下滑。总体来看，这时期我国的城镇化进程缓慢，城市的发展以生产建设为中心，城市的功能定位在生产功能，这一时期的城市化是"政府控制下的城市化"，城市化出现了曲折反复的历程。我国的改革开放，是改变原来一切权利由中央高度控制的制度，转化为由中央政府、地方政府以及市场共同作用于经济社会发展的制度，市场开始成为调节经济的杠杆，所以本书的数据选择从改革开放的 1978 年开始。

空间面板计量模型的数据选取 2005 ~ 2011 年 31 个省市的人均 GDP 与人口城镇化率数据，主要原因是我国统计年鉴从 2005 年起开始统计分地区城镇人口比重。

数据来源：变量数据来源于《中国统计年鉴》（2006—2012）、《中国区域经济统计年鉴 2007》及《中国区域经济统计年鉴 2012》，包括中国 31 个省（区、市），港澳台地区由于数据缺失原因除外，同时，本书还分西部及东中部研究了其城镇化对经济增长的影响，其中，东中部地区包括北京、天津、河北、上海、江苏、浙江、福建、山东、广东、海南、山西、安徽、江西、河南、湖北和湖南 19 个省市，西部地区包括重庆、四川、贵州、云南、广西、陕西、甘肃、青海、宁夏、西藏、新疆、内蒙古 12 个省市。

3.2.2.2 基于 VAR 模型的经济发展与城市化水平动态关系分析

VAR 模型即向量自回归模型，是不以经济理论为基础的模型，通常用于时间序列的变量系统的预测和分析随机扰动项对系统的动态冲击，利用 VAR 模型可以很好地研究经济发展与城市化水平的波动传导关系。

（1）数据平稳性检验。利用单位根检验来判断数据的平稳性，避免伪回归，单位根检验结果如表 3 - 1 所示。

表 3 - 1 时间序列单位根检验

数据	ADF 统计量	P 值	检验结果
ln（RGDP）	- 0.702479	0.8308	不平稳
Δln（GDP）	- 3.8724	0.0063	平稳
ln（CZH）	0.105456	0.9612	不平稳
Δln（CZH）	- 4.342640	0.0017	平稳

从表 3 - 1 中可以看出，原始数据是不平稳的时间序列，经过一阶差分，都呈一阶单整，有存在协整的可能。根据赤池信息准则（AIC）和施瓦茨（SC）最小的原则确定模型最优滞后阶数为 3。根据最优滞后阶数对变量进行 Johansen 协整检验，检验结果通过了 5% 的显著性检验，拒绝原假设，变量之间存在协整关系，说明经济发展与城镇化水平之间存在长期均衡关系。为进一步验证协整关系的正确性，利用 AR 根的图表验证方法如图 3 - 5 所示，单位根倒数的模都小于 1，都落在单位圆之内，因此，是一个平稳的系统。

（2）脉冲响应函数分析。脉冲响应函数用来刻画的是一个

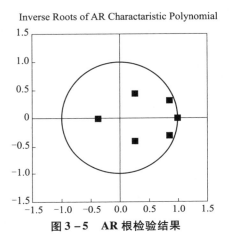

图 3 - 5　AR 根检验结果

标准差的自扰动项（新息）的冲击对当前值和未来值的影响轨迹，比较直观地表现出的动态互动关系。广义脉冲响应不依赖于 VAR 模型各变量的排序关系，所以，本书采用的是广义脉冲响应，得到结果如图 3 - 6、图 3 - 7 所示。

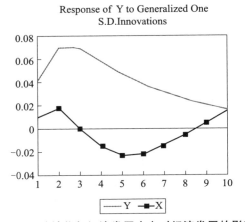

图 3 - 6　城镇化与经济发展本身对经济发展的影响

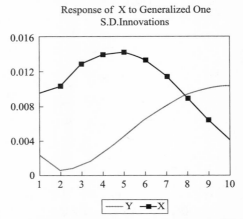

图 3 - 7　经济发展与城镇化本身对城镇化发展的影响

　　图 3 - 6 反映的是各内生变量对人均 GDP 的一个标准差大小的随机新息的反应，从图 3 - 6 中可以看出，Y（人均 GDP）对其自身的反应是持续的正向效应，到第二期时达到最大，然后逐步减小，第三期至第八期减弱幅度较大，至第十期趋于稳定，这说明当期的人均 GDP 与其滞后值相关联，但是关联度在逐步减弱。城镇化水平的冲击引起 Y（人均 GDP）的变化是波动的，当在本期给城镇化水平一个正向冲击后，人均 GDP 在前三期为正向波动状态，随后转为负响应，负响应先增大后减少，逐步转为正响应，这说明城镇化水平的提高有助于经济增长，但具有滞后效应，分析原因可能是在城镇化水平提高拉动了投资与消费，通过一段时期的传导，抵消掉了城镇水平提高带来的城乡差距扩大的负效应，促进了人均 GDP 的提高。

　　从图 3 - 7 中可以看出，X（城镇化水平）对其自身的冲击反应是：先上升，后下降，总体而言是正响应，但在快速减弱，说明城镇化水平与其滞后值相关联。当在本期给人均 GDP 一个正向冲击后，城镇化水平在前三期为正向波动状态，第二期为最低点，随后逐步上升，为持续的正响应，说明经济发展对城市化的促进具有阶段性。在改革开放的初期阶段，经济发展对城市化的推动作用不强，到20世纪90年代以后，随着大力发展社会主义市场经济政策的提出，限制农民进入城市的政策逐步放松，我国经济由生产导向型向需求导向型转变，中国的工业化迈入一个新的阶段，随着政策的稳定与明朗化，利用中国大量廉价劳动力，外资开始大量流入中国，在我国投资设厂。从图3-7中可以看出，1992年以前，中国的外商直接投资（实际利用外资）数量较少且发展缓慢，1992年以后呈快速增长趋势（见图3-8）。面对投资设厂带来的税收和就业岗位的增长，地方政府也开始积极招商引资，制定优惠政策，普遍建立经济开发区或者工业园区，中国一度被称为"制造业大国"，制造业、现代服务业蓬勃发展，创造了大量的就业岗位，吸引了大批农村劳动力流向城市，特别是一些沿海城市率先发展扩张。因此，可以推断，不同国家不同地区不同时间段，由于受

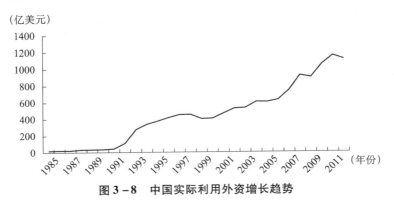

图3-8 中国实际利用外资增长趋势

数据来源：来源于历年的《中国统计年鉴》。

不同政策、不同经济结构、不同发展模式等因素的影响，经济发展对城市化的推动作用大小也是不相同的。总的来说，我国经济发展的正向冲击对城镇化水平的提高具有非常显著促进作用，并且具有较长的持续效应。

（3）方差分解分析。方差分解可以用来把系统中每一个内生变量的变动分解成各变量所做的贡献，可以进一步评价各新息对模型内生变量的重要性。

从图 3-9 与图 3-10 中可以看出：人均 GDP 的波动在第一期只受到自身冲击的影响，从第二期起，来自城镇化水平的波动的影响逐步提高，城镇化对经济发展的贡献是逐步增加的，第六期趋于稳定，稳定在 18% 左右。城镇化水平的波动在第一期就受到自身及人均 GDP 的冲击，并且来自城镇化自身的扰动逐步下降，人均 GDP 的扰动上升至 30% 左右，经济发展对城镇化水平的提高具有显著的促进作用，这与我们得到的脉冲响应结论吻合。

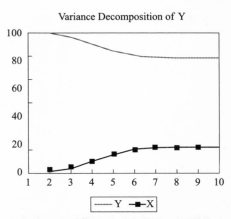

图 3-9　各变量冲击对经济发展的贡献度

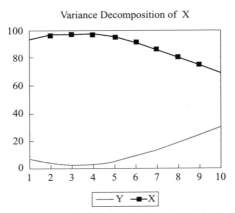

图 3 - 10　各变量冲击对城镇化发展的贡献度

（4）格兰杰因果检验。格兰杰因果检验是统计意义的因果关系，其定义是在包含变量 X、Y 的过去信息的条件下，变量 X 的值包括进来能有助于解释变量 Y 的将来变化，则说 X 是 Y 的格兰杰原因。本书通过对变量滞后 3 期进行格兰杰因果检验，得出结果如表 3 - 2 所示。

表 3 - 2　　　　　　　格兰杰因果检验结果

原假设	F 统计	P 值	检验结果
X 不是 Y 的格兰杰原因	4.00316	0.0192	拒绝原假设
Y 不是 X 的格兰杰原因	3.18761	0.0419	拒绝原假设

通过表 3 - 2 可以看出：在滞后期为 3 时，在 5% 的显著性水平下拒绝了 X 不是 Y 的格兰杰原因和 Y 不是 X 的格兰杰原因，所以城镇化与经济发展是双向格兰杰因果关系。因此，进一步验证了城镇化水平的提高对经济增长有促进作用，其实质是人口与经济活动在空间上集聚的过程。同时，经济的增长对促进城镇化也有积极的促进作用。

3.2.2.3 基于空间面板的城市化对经济发展贡献度分析

通过 VAR 模型，研究了时间序列城镇化与经济发展的关系，论证了我国的城市化与经济增长存在双向影响关系，但忽视了空间上的个体差异，也忽视了空间尺度的相关性，因此，进一步采用空间面板数据模型对我国的城镇化水平对经济发展的经济绩效做分析。

（1）面板数据的平稳性检验。面板数据是时间序列的多个截面观测点的样本数据。由于一些非平稳型的经济时间数据序列间本身不一定有直接关联，但有时又会表现出共同的变化趋势，这种回归被称为"伪回归"，其得出的结果是没有任何实际意义。为了避免伪回归，保证估计结果的有效性，保证变量之间长期的稳定的协调关系，需要对面板序列的平稳性进行检验，即剔除时间序列不变的均值和时间趋势，本书对变量进行了单位根及协整检验。面板数据单位根及协整检验利用的是 Eviews6 软件，单位根检验采用的是 LLC、IPS、ADF、PP 四种检验方法。

一般来说，只要 LLC 及 ADF 两种检验方法均拒绝原假设则说明数据是平稳的，从表 3－3 可以看出，原始数据的单位根检验值并不显著，在经一阶差分后，所有检验方法的检验值在 10% 的显著性水平下均拒绝了存在单位根的假设，可以认为数据是平稳的，所以全国、东中部、西部数据都是 I（1）一阶单整，他们之间可能存在协整关系。

表 3 - 3　　　　　　　　变量的单位根检验

区域	var	LLC	IPS	ADF	PP
全国	ln（CZH）	− 1.99175 **	4.45320	28.9395	54.1705
	Δln（CZH）	− 11.4911 ***	− 2.71326 ***	102.228 ***	132.923 ***
	ln（GDP）	0.80423	5.70628	9.19315	21.5611
	Δln（GDP）	− 12.0043 ***	− 2.23167 ***	93.6931 ***	129.626 ***
东中部地区	ln（CZH）	0.44712	4.42111	5.61884	15.2959
	Δln（CZH）	− 10.2775 ***	− 2.00715 **	61.0314 **	87.6420 ***
	ln（GDP）	0.54495	4.31665	6.43205	15.3113
	Δln（GDP）	− 9.33389 ***	− 1.73153 **	57.0748 **	79.5656 ***
西部	ln（CZH）	0.36940	3.76479	3.14420	4.26159
	Δln（CZH）	− 7.34731 ***	− 1.85967 *	41.5976 ***	55.1916 ***
	ln（GDP）	0.61915	3.7399	2.76110	6.24986
	Δln（GDP）	− 7.56382 ***	− 1.40811 *	36.6182 **	50.0605 ***

注：*** 、** 、* 分别表示在1%、5%、10%的水平上显著，Δ 表示一阶差分。

对于小样本，Panel ADF-Statistic 和 Group ADF-Statistic 统计量的检验效果更好，检验结果如表 3 - 4 所示。可以看出，Panel ADF-Statistic 和 Group ADF-Statistic 检验都通过了 1% 的显著性水平，对于 T 较小时，Kao 检验具有更好的检验功效，从表 3 - 4 中可以看出，Kao 检验也均通过了 1% 的显著性水平，拒绝不存在协整关系的假设，因此，本书认为，全国范围、东中部、西部的经济增长与城镇化水平变量之间均存在协整关系。

表 3 - 4　　　　　　　　协整关系检验结果

检验方法	检验指标	全国	东中部	西部
pedroni	Panel v-Statistic	0.741012	0.428167	0.666131
	Panel rho-Statistic	1.075021	0.969058	0.496837
	Panel PP-Statistic	− 2.694295 ***	− 1.232464 *	− 3.173943 ***
	Panel ADF-Statistic	− 4.568221 ***	− 2.844627 ***	− 3.865496 ***
	Group rho-Statistic	3.791843	3.153474	2.126501
	Group PP-Statistic	− 3.984658 ***	− 1.072859	− 5.054456 ***
	Group ADF-Statistic	− 8.733106 ***	− 4.864043 ***	− 7.916050 ***
Kao 检验	ADF	− 3.78521 ***	− 2.589226 ***	− 2.264221 ***

注：*** 、** 、* 分别表示在1%、5%、10%的水平上显著。

（2）空间相关性检验。在建立空间计量模型前，首先要检验数据之间是的空间相关性是否明显。本书采用空间统计量 Moran'I，如式（3-4）所示，空间相关指数进行检验。

进行 Moran 值的计算，空间权重矩阵的选择很关键，地理空间权重的邻接标准权重矩阵，把有共同边界地区取 1，否则取 0，如式（3-5）所示，但是同时，考虑到不同经济实力地区对相邻地区的影响力与辐射力不同，因此，笔者认为，建立地理权重过于简单，本书选择建立空间经济权重如公式，如式（3-6）所示，可以更好反映地区间的空间影响与联系。

$$Moran'sI = \frac{e'(I_T \otimes W_N)e}{e'e} \qquad (3-4)$$

$$w_{ij} = \begin{cases} 1 & \text{当区域 } i \text{ 与区域 } j \text{ 相邻} \\ 0 & \text{当区域 } i \text{ 与区域 } j \text{ 不相邻} \end{cases} \qquad (3-5)$$

$$W_e = w_{ij} \times diag(\overline{Y_1}/\overline{Y}, \overline{Y_2}/\overline{Y}, \cdots, \overline{Y_i}/\overline{Y}) \qquad (3-6)$$

考虑到权重矩阵适用于截面数据，对于面板数据，权重矩阵设立为分块对角矩阵 $C = I_T \otimes W_N$ 代替 W_{ij} 权重矩阵，I_T 和 W_N 分别为 $T \times T$ 时间矩阵和 $n \times n$ 的空间权重矩阵，式中，$\overline{Y_i} = \frac{1}{T}\sum Y_{it}$ 为样本时间内省份 i 的人均 GDP 平均值，$\overline{Y} = \frac{1}{NT}\sum_{i=1}^{N}\sum_{t=1}^{T} Y_{it}$ 为样本时间内所有省份的人均 GDP 平均值。

书中采用了 Moran I 、LMlag、LMerr、R-LMlag、R-LMerr 五种自相关统计量对省域经济增长和城镇化水平进行空间相关性检验，其中，LMlag、LMerr、R-LMlag、R-LMerr 还可以为模型的选择提供依据，其中，lag 代表滞后模型，err 代表误差模型。矩阵采用的是分块对角矩阵，利用 matlabR2010a 软件计算结果如表 3 - 5 所示。

表 3 - 5　　　　经济增长和城镇化空间相关性检验结果

检验指标	全国	东中部	西部
Moran I	0. 61888293 ***	0. 65318453 ***	0. 63739945 ***
	（12. 68215462）	（8. 83825781）	（8. 21696282）
LMlag	129. 1060 ***	61. 2211 ***	71. 3451 ***
LMerr	153. 5279 ***	7. 6343 ***	13. 7952 ***
R - LMlag	17. 8806 ***	74. 1095 ***	61. 1379 ***
R - LMerr	42. 3024 ***	20. 5227 ***	3. 5879 *

注：*** 、** 、* 分别表示在 1% 、5% 、10% 的水平上显著，括号中的数据为统计量。

从表 3 - 5 中可以看出，全国、东中部、西部地区经济增长与城镇化水平之间的空间相关性检验都非常显著，而且全国、东中部、西部地区的空间相关性都在 0.6 以上，呈正相关，且空间相关性明显，经济增长与城镇化具有明显的空间依赖性及空间集聚效应，因此，采用传统的面板数据方法估计的模型是有偏的或者是无效的，我们在探讨经济增长与城镇化水平之间的关系时将空间因素纳入模型十分必要。同时，从表 3 - 5 中可以看出，西部地区的 R-LMlag 的显著性要高于 R-LMerr，可以判断西部地区选择空间滞后模型。

（3）空间计量模型的选择与分析。Anselin 将空间误差项及空间滞后被解释量引入传统的面板数据模型中，空间经济计量的空间滞后于空间误差两种基本模型分别表示如式（3 - 7）与式（3 - 8）：

空间滞后模型 SLM：$Y = \rho (I_T \otimes W_N) Y + \beta X + \varepsilon$　　（3 - 7）

$$Y = X\beta + \varepsilon$$

空间误差模型 SEM：$\varepsilon = \lambda (I_T \otimes W_N) \varepsilon + \mu$　　（3 - 8）

式（3 - 7）与式（3 - 8）中，Y 表示经济产出，用 lnRG-

DP 来表征；X 表示城镇化发展水平，用人口城镇化率 lnCZH 来表征。

在进行模型选择时，需要考虑是选择采用固定效应模型还是随机效应模型，本书通过运行 matlabR2010a 软件，比较空间滞后（SLM）固定效应与随机效应模型，空间误差（SEM）固定效应与随机效应模型检验值，如表 3 – 6 所示。

表 3 – 6　　　　　　　随机效应和固定效应检验结果

检验模型	检验值	全国	东中部	西部
空间滞后固定效应	LR-test	567. 2267 ***	335. 4410 ***	243. 5223 ***
	$\overline{R}^2$	0. 9571	0. 9225	0. 9650
	log-likelihood	298. 74076	180. 93561	126. 73556
	Hausman	0. 8621	1. 2080	3. 6822
空间滞后随机效应	LR-test	388. 5393 ***	227. 0539 ***	166. 6203 ***
	$\overline{R}^2$	0. 7335	0. 8037	0. 7437
	log-likelihood	209. 39707	126. 74204	88. 284551
空间误差固定效应	LR-test	513. 6947 ***	282. 1415 ***	220. 2282
	$\overline{R}^2$	0. 7054	0. 7782	0. 6475
	log-likelihood	271. 97479	154. 28581	115. 08855
	Hausman	– 10. 5861 ***	– 2. 1019	17. 1780 ***
空间误差随机效应	LR-test	366. 1297 ***	200. 6101 ***	153. 7136 ***
	$\overline{R}^2$	0. 3955	0. 4817	0. 1652
	log-likelihood	198. 19229	113. 52013	81. 831199

注：***、**、* 分别表示在 1%、5%、10% 的水平上显著。

从表 3 – 6 可以看出，全国、西部区域范围的空间误差随机效应 Hausman 检验在 5% 的水平上显著，表明拒绝原假设，应采用固定效应，且从全国、东中部、西部区域范围来看，空间滞后固定效应的 LR-test、调整的 R^2、log-likelihood 均大于其他三类模型，表明应选择空间固定效应模型。

固定效应模型包括无固定效应、空间固定效应、时间固定效应及时空双固定效应四类模型。通过运行 matlabR2010a 软件得出全国区域、东中部地区、西部地区空间滞后（SLM）四类固定效应模型结果如表 3 - 7、表 3 - 8、表 3 - 9 所示。

表 3 - 7　全国区域空间固定效应模型的估计结果

模型	SAR panel 无固定效应	SAR panel 空间固定效应	SAR panel 时间固定效应	SAR panel 时空双固定效应
W * dep. var	- 0. 009961	0. 813999 ***	0. 218989	0. 283977 ***
constant	0. 375419	—	—	—
U	1. 176700 ***	0. 969457 ***	1. 363815 ***	0. 764465 ***
log-likelihood	15. 871436	298. 74076	58. 273162	344. 20607
$\overline{R^2}$	0. 7516	0. 9571	0. 8477	0. 2667
δ^2	0. 0470	0. 0029	0. 0335	0. 0024

注：***、**、* 分别表示在 1%、5%、10% 的水平上显著，—表示数据缺失。

表 3 - 8　东中部地区空间固定效应模型的估计结果

模型	SAR panel 无固定效应	SAR panel 空间固定效应	SAR panel 时间固定效应	SAR panel 时空双固定效应
W * dep. var	0. 474957 ***	0. 758985 ***	0. 401972 ***	0. 119985
constant	- 0. 467648	—	—	—
U	1. 461845 ***	1. 496294 ***	1. 533653 ***	1. 041556 ***
log-likelihood	13. 75484	180. 93561	38. 280693	216. 38647
$\overline{R^2}$	0. 7608	0. 9225	0. 8277	0. 2620
δ^2	0. 0436	0. 0029	0. 0321	0. 0022

注：***、**、* 分别表示在 1%、5%、10% 的水平上显著，—表示数据缺失。

表 3 - 9　西部地区空间固定效应模型的估计结果

模型	SAR panel 无固定效应	SAR panel 空间固定效应	SAR panel 时间固定效应	SAR panel 时空双固定效应
W * dep. var	0. 540985 ***	0. 892990 ***	0. 052967	0. 353970 ***
constant	- 0. 017447	—	—	—
U	1. 225667 ***	0. 505853 ***	1. 188892 ***	0. 458178 ***
log-likelihood	4. 9751344	126. 73556	27. 340587	144. 48888
$\overline{R^2}$	0. 6420	0. 9650	0. 6743	0. 2856
δ^2	0. 0472	0. 0019	0. 0305	0. 0018

注：***、**、* 分别表示在 1%、5%、10% 的水平上显著，—表示数据缺失。

通过分析表3-7、表3-8和表3-9可以得出以下结论：

其一，通过综合对比空间滞后模型的四类固定效应模型的调整的 R^2（拟合优度）、log-likelihood，无论是全国区域还是东中部及西部地区，空间固定效应的 R^2（拟合优度）明显优于无固定效应和时间固定效应及时空双固定效应，log-likelihood 检验都表明，空间固定效应优于无固定效应和时间固定效应。时空固定效应及 log-likelihood 虽然优于空间固定效应，但其拟合优度太低，本书选择了空间固定效应模型。导致这种情况的可能有两个原因：一是本书选取的是"短面板"数据，也就是时间序列个数（T=7）小于截面个体（N=31）数量，也就可能会导致相对于时间固定效应来说，截面的个体效应更显著。二是说明相邻区域城镇化对经济增长的作用的空间溢出效应随区域、但不随时间变化存在很大差异，也就是说主要体现在区域间的结构性差异上，这与我们国家的实际情况也是相符的。

其二，全国、东中部、西部经济增长的空间溢出效应显著，区位因素对经济增长具有重要影响。从表3-7及表3-9中可以看出，全国范围和西部区域的空间效应系数都在0.8以上且在5%的水平上显著，而且如表3-8中所示，东中部地区的空间效应也在0.75以上，这表明，无论是全国范围还是东中部及西部地区，经济增长均具有正向的空间扩散效应，一个地区经济的发展会受到相邻地区经济发展的影响。

其三，运用空间固定效应模型，可以进行具体的数据计算分析：对于全国区域而言，如果城镇化水平提高1%，则人均GDP增长0.93%。与 Kalarickal 计算发展中国家城镇化每提高1%，则经济增长为0.6%~0.8%相近，但比国内大多数学者计算的贡献度要低。对于东中部区域而言，如果城镇化水平提高 1%，则人均 GDP 增长 3.14%。对于西部地区而言，如果城镇化水平提高 1%，则人均 GDP 增长 0.32%。说明城镇化对经济增长的影响存在很大的区域差异，其中，东中部地区城镇化对经济的促进作用最为明显，而在西部地区城镇化对经济的促进作用就相比削弱了很多。究其原因，本书认为，一是东中部地区教育水平、基础设施、生活水平相比于西部地区都具有优势，人力资源水平较高，具有较好的发展基础，因此，东中部人口的城镇化可以形成较高的生产能力，产生较大消费能力，从而城镇化质量效率更高，促进经济增长的效率就更高。随着经济的增长，教育、基础设施等的投入增加，社会就业岗位增长，人口的城镇化水平进一步提高，两者形成良性循环。而我国的西部地区虽然资源比较丰富，但是由于基础设施、教育水平、体制改革相对落后，投资不足，抑制了当地就业的增长、消费水平的提高、工资水平的提升，一部分人虽然由贫困的农村搬到城镇，但是其生活仍在贫困线上挣扎。城市贫困问题仍是西部需要关注的问题之一，造成城镇化质量与效率不高，从而导致对经济增长的效率相对低下，因此，东中部地区的城镇化水平对经济增长的促进效率远远高于西部地区。二是东中部由于经济更为发达，就业、求学等机会更多，工资水平更高，吸引了更多来自西部地区的人口流入东中部地区，尤其是东部吸引了大量来自西部欠发达地区的高科技人才和农村剩余劳动力，他们在东部城市就业、生活，为城市经济的发展做贡献，也就是说，西部地区的资源大量流入东部地区，并且形成明显的马太效应，从而形成了明显的区域差异。

本章小结：本章主要考察了城市化与经济增长之间的作用

机制，城市化与经济增长相互作用的内在基础为集聚经济，经济增长促进了城市化水平，城市化水平也会促进经济的增长。可以发现在现实中，不同的国家与地区实现同水平的人均国内生产总值可能有不同城市化的水平。许多在非洲撒哈拉沙漠以南的地区与亚洲国家差不多，但是非洲撒哈拉沙漠以南的地区要穷得多，在拉丁美洲城市化水平与欧洲差不多，但是欧洲国家的收入水平要高得多。主要原因还是在于城市发展质量与效率的不同，城市化具有双重属性，一为城市化水平的高低即"数量"，二是城市化效率的高低即"质量"，因此，不能仅仅关注城市化的"量"，应该加强对城市的治理，提高城市效率。王嗣均指出，城市化效率的差异，推动资本、劳动力的流动，影响产业集聚的规模和速度，从而城市效率推动城市经济的增长，推进城市化进程。由于城市间城市效率的差别，城市效率高的区域会吸引一部分城市效率低区域的生产要素资源的流入，形成全国城镇化地域分异现象。本章通过对我国城市化经济绩效的分析，得出城市化每增加 1%，促进人均 GDP 增长 0.93%。而且我国存在城市化绩效的地区差异，东中部城市化每提高 1%，促进人均 GDP 增长 3.14%，而西部地区城市化每提高 1%，促进人均 GDP 的提高只有 0.32%。

第4章

城市化的资源约束效应

城市化的过程伴随着社会、经济和空间的变化，城市化是一种人类作用于地表的强烈活动过程，这种活动既离不开资源与环境的支撑与保障，又会对资源与环境产生剧烈的影响，而资源与环境又可能会反过来约束和反作用于城市化的发展。城市化水平提高则城市人口增加、城市经济规模扩大，第一产业向第二、第三产业结构改变，这就意味着对资源的需求也不断增加。欧洲城镇地区使用能源占全部能源使用的69%，赫伯特在给斯蒂芬的《绿色城市法则——向可持续发展城市转变》一书做序时指出，城市的扩张是不可逆转的趋势，城市消耗掉了地球的大量资源，如果不改变资源利用方式，最终将给人类及地球上所有生命的未来带来巨大的恶果。

4.1 资源约束理论

资源的约束理论主要是关于资源与经济增长两者之间关系的辩论。古典政治经济学创始人威廉·配第阐述赋税来源，提出了"劳动是财富之父，土地是财富之母"的经济思想，这一论断无疑把劳动力资源和土地这一自然资源当成了影响经济增长的关键生产要素。亚当·斯密在《国富论》中提出，劳动生产率是国富的源泉，分工是提高劳动生产率的重要手段，因分工而贸易。其提出的绝对成本论认为，分工的基础是每个国家和地区的有利的自然资源和气候条件。大卫·李嘉图继承和发扬亚当·斯密思想，提出了比较优势理论，依然认为自然资源禀赋是国际贸易与分工的基础，其在《政治经济学及赋税原理》序言中指出："在不同的社会阶段中，全部土地产品在地租、利润和工资的名义下分配给各个阶级的比例是极不相同的，这主要取决于土壤实际肥力、资本积累和人口状况以及农业上运用技术、智巧和工具。"大卫·李嘉图强调了人口、资本、自然资源等对收入分配的重要影响。在国际贸易理论方面，赫克歇尔进一步发展了李嘉图的比较优势理论，其学生俄林进一步完善思想，提出了著名的资源禀赋理论，即一个国家出口充分利用本国资源要素充裕的产品，进口需要密集使用其稀缺资源要素的产品。与李嘉图同时期的马尔萨斯以土地肥力递减规律为理论基础，提出粮食的增长能力将不及人口的增长速度，最终经济的增长陷入停滞的观点。麦多斯继承了马尔萨斯悲观增长理论的思想，在其著作《增长的极限》中提出"人口增长和经济的增长的正反馈回路继续产生更多的人口和更高的人均资源需求，这个系统将会耗尽地球上的不可再生资源"。当然，由于西方发达国家工业革命的深化与繁荣，出现了资本决定论、技术决定论等观点，弱化了自然资源对经济增长的作用。哈罗德—多马经济增长模型将资本积累提到了十分突出的地位，认为经济增长率主要取决于储蓄率和资本产出比率。索罗斯旺模

型进一步修正了哈罗德—多马经济增长模型，认为长期的经济
增长是由劳动力的增加和技术进步决定的，劳动力的增加一方
面是数量的增加，还包括劳动力素质的提高。内生增长理论在
索洛斯旺模型的基础上，进一步将技术进步内生化，核心的思
想是技术进步是保证经济持续增长的决定因素。得益于内生增
长模型的研究，一些经济学家开始开创性地将资源环境因素纳
入经济增长模型（刘耀斌，2014），一些学者提出，资源和环
境不仅是经济发展的内生变量，而且是经济发展规模和速度的
刚性约束（王兵，2011）。

4.2　城市资源问题分析

资源是城市经济不可或缺的物质基础和条件，随着城市化
的推进，城市人口的增长，生产生活的集聚，城市空间的扩张，
居民生活水平的提升，消费结构的升级，这都意味着城市对土
地、水、能源等自然资源的需求增长。据学者研究：人均 GDP
和人均年能源使用之间存在很强的相关性，能源的利用规模约
有两个数量级的不同，在最贫穷的国家，它只为满足人类的生
物代谢的百瓦以上，而在最富有的国家，它则是一万多瓦。到
2050 年，世界 2/3 的人口将生活在城市里，而城市新增的人口
主要是源于发展中国家快速城市化，发展中国家相对而言技术
落后，资源的利用效率不高，资源的浪费与资源需求量的增加
将加大资源的压力。城市能源问题是不容忽视的重要问题，一
个城市的交通、建筑、基础设施、工商业活动等都离不开能源，
城市的扩张带来的建筑物、基础设施大规模的建设施工及日常

维护，城市的扩张带来的通勤距离的增长，城市人口的增加带来私家车数量的迅猛增长，都需要消耗大量的能源。据联合国人居署统计，2012年，全球能源供应81.3%为非可再生的矿物燃料、9.7%为核电及9%为水力、风能、太阳能等可再生的资源。对不可再生能源的高度依赖，矿物燃料供应的下降和价格的上升容易造成经济体的破坏，矿物燃料也常常是引起地区冲突的根源。城市土地资源问题也日益突出，城市化的加速、城市人口的膨胀、城市工商业的发展，对城市土地的需求的竞争加剧。级差地租理论认为，地租产生的条件是土地的稀缺性与土地的差异性。城市中心区地租水平的提高推动城市用地逐步向外延扩张，城市的扩张往往造成侵占良田耕地，城市土地供应的短缺和快速的人口增长，特别是城市贫困人口，一些发展中国家城市化的过程中往往容易产生城市贫民窟，城市棚户区问题。而且土地资源的不可移动性导致了其绝对的稀缺性。城市水资源问题也应受到重视，据有关数据统计，到2050年，源于发展中国家的城市化，城市水资源需求量将增加55%。而且一些发展中国家的供水设施、卫生设施的落后导致仍有大量的人口存在用水及安全用水问题。同时，城市水资源日益严峻的另一个重要因素是水资源的污染。我国人均资源占有量低，快速的城市化面临着资源供给的刚性与资源需求旺盛之间矛盾的严重约束。

4.3 中国城市化与城市资源压力定量分析

随着我国城市化的推进，经济的高速增长，我国资源的消耗速度也在不断增加。张敬淦提出按照城市化率年增长 1% 预测，至 2020 年，新增资源需求量相当于现有消费量的 2/3，资源是我国城市化快速推进的"瓶颈"。以能源为例，改革开放以来，我国能源消费总量以年均 20.5% 的速度在增长，而我国能源生产的年均增长速度为 16.49%。从 1992 年起，我国出现了能源缺口，至 2012 年，我国能源缺口翻了 15 倍多，能源缺口占能源消费的 8.26%，而且我国能源的缺口有进一步扩大的趋势。从土地资源来看，据统计，2002~2012 年，我国城市建设年均征用土地 1846.85 平方公里，其中，年均占用耕地 886.13 平方公里，我国快速的城市化加剧了土地资源的稀缺。从水资源来看，据住房和城乡建设部 2014 年公布：我国 600 多个城市中，属于联合国人居环境署评价标准"严重缺水"和"缺水"的城市达到了 300 多个。加快城市化进程与城市资源压力之间的矛盾越来越受到社会各界的关注，一些学者从不同角度对城市化与城市资源压力的关系进行了研究。陈波翀利用一般均衡的方法，从城市化进程中资源的需求和供给角度分析得出自然资源是我国城市化快速发展的硬约束。王家庭构建了资源对城镇化约束的理论模型，提出了在一个资源封闭的城市，资源总量一定，城市人口的增加超过资源的最大承载力，资源的利用率会下降，得出资源对城市化具有明显的约束作用的结论。吴璞周、高新才通过构建城市资源压力指数指标体系，分别对西安市和兰州市的城市化与资源压力的关系进行了定量分析。

为评价城市资源压力，本书构建了资源压力指数指标体系，对我国近 14 年来城市资源压力进行定量评价，并进一步分析城市化与资源压力的关系。资源压力指数（URSI）主要由用电资

源压力指数（ERSI）、土地资源压力指数（LRSI）和水资源压
力指数（WRSI）3 个分指数构成，主要考察城市的能源、土地
资源、水资源自然资源的压力，其表达式如下：

$$URSI = ERSI \times W_1 + LRSI \times W_2 + WRSI \times W_3 \quad (4-1)$$

式（4-1）中，W_1、W_2 与 W_3 分别为 3 个分指数的权重。
关于 3 个分指数指标的选取，吴璞周、高新才都是采用人均指
标，考虑到城市资源的总量一定，城市人口的增加与资源人均
消耗的增加均会增加城市资源的压力，因此，笔者认为，选取
总量指标作为评价标准更符合实际，数据来源于《中国城市统
计年鉴》（2000—2013），指标的选取如表 4-1 所示。

表 4-1　　　　　　　　　**各分指数指标的选择**

指数类型	指标
用电资源压力指数（ERSI）	全社会用电量
土地资源压力指数（LRSI）	建成区面积
水资源压力指数（WRSI）	全年供水总量

为消除量纲的影响，需要对各分指数数据进行标准化处理，
其计算公式为：

$$y_{ij} = \frac{X_{ij}}{\max(x_j)} \times 100 \quad (4-2)$$

式（4-2）中，y_{ij} 为 i 年的第 j 个分指数的标准化值，X_{ij} 为 i
年第 j 个分指数的值，$\max(x_j)$ 为第 j 个分指数所有年份中最大
的数值。

为克服主观赋权法的人为因素，权重的确定采用变异系数
法，变异系数法是一种客观赋权的方法，其计算方法为：

$$V_i = \frac{\sigma_i}{\bar{x}_i}(i = 1,2,\cdots,n) \quad (4-3)$$

$$W_i = \frac{V_i}{\sum_{i=1}^{n} V}$$

$$(4-4)$$

式（4-3）与式（4-4）中，V_i 是第 i 项指标的变异系数，σ_i 为第 i 项指标的标准差，$\bar{x}_i$ 为第 i 项指标的均值，W_i 为第 i 项指标的权重。经过该方法的计算，得出 $W_1 = 0.54$，$W_2 = 0.41$，$W_3 = 0.05$。

通过城市资源压力指数的计算方法可以看出，其计算值是一个相对值，通过计算，得出 1999~2012 年我国城市资源压力指数与各资源分指数的值如表 4-2 和图 4-1、图 4-2 所示。

表 4-2　　1999~2012 年中国城市资源压力指数统计表

年份	用电资源压力指数（ERSI）	土地资源压力指数（LRSI）	水资源压力指数（WRSI）	城市资源压力指数（URSI）
1999	24.27465	32.71313	88.87227	31.03669
2000	27.65315	35.59907	89.53457	34.07493
2001	31.69848	38.63643	88.98727	37.47383
2002	36.48501	43.55021	89.01393	42.06624
2003	42.09040	48.11942	93.23973	47.17966
2004	47.79054	52.54568	96.21549	52.22186
2005	54.47903	53.83204	96.39164	56.38055
2006	60.82952	57.45537	94.99826	61.22381
2007	68.31714	60.54321	97.45994	66.66539
2008	71.66807	64.52647	96.59976	70.05562
2009	77.43754	66.14171	95.89111	73.80377
2010	87.85019	69.71457	96.19234	80.917
2011	96.03919	81.55678	99.01049	90.31206
2012	100	100	100	100

数据来源：根据历年《中国城市统计年鉴》数据计算得到。

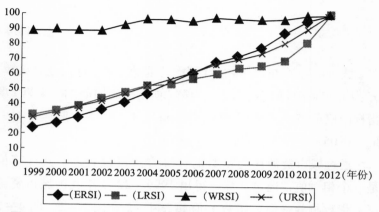

图 4-1　1999~2012 年中国城市资源压力指数及各分指数变化趋势

　　从表 4-2 与图 4-1 可以看出，1999~2012 年，我国的城市资源压力持续增大，其中，用电资源压力与土地资源压力增长较为明显。说明随着城市人口的增长、城市生活水平的提高，居民消费结构升级，加大了对能源的需求。对于土地资源压力而言，一方面，城市人口的增长就意味着城市地区需要更多的空间供居民居住、工作和建设交通设施等；另一方面，城市人

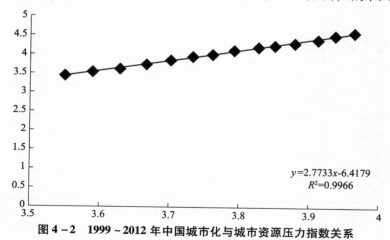

图 4-2　1999~2012 年中国城市化与城市资源压力指数关系

口生活水平的提高刺激了居民对居住条件的更高要求，加大了对土地资源的需求，导致城市土地资源压力持续增大。水资源压力增长幅度较小，这说明虽然我国城市人口增加了，用水人口增长了，但是城市总供水量并没有相应的增长，人均用水量下降，这也从侧面说明城市人口节水意识提高及节水技术的发展一定程度上缓解了我国城市资源压力。

通过图4-2可以看出，随着我国城市化水平的提高，城市资源压力逐步增大。问题是，城市资源压力是否对城市化进程造成约束，约束效应是多少？

4.4 中国城市化进程的资源约束效应测度

对于资源限制约束增长的分析，经济的增长对资源的依赖是毋庸置疑的，得益于拉姆齐（Ramsey）、霍特林（Hotelling）及索洛（Solow）构建的模型，可以把经济增长与资源短缺结合起来，资源约束经济增长的问题吸引了大量的研究。诺德豪斯（Nordhaus）估算了1980~2050年美国资源的限制对经济增长的约束，得出不可再生资源中的能源燃料和非燃料矿产每年分别会导致经济增长率的0.155%和0.029%的下降，可再生资源中土地资源每年会导致经济增长率0.052%的下降。布朗（Brown）提出，目前这是基于增长的人口、经济发展、生活水平提高的经济模式与有限的地球资源相兼容，未能从2008年的经济崩溃中恢复不是因为缺乏足够的财政和货币政策，而是由于关键资源的稀缺性。威廉（Willem）构建含有能源参数的经济增长模型，得出由于能源的约束会加深全球经济的衰退。基于经济增长与城市化之间的关系，一些学者也开始估计资源的限制对城市化进程的约束效应，如刘耀彬基于时间序列数据对我国1979～2005年能源、土地资源与水资源的限制对城市化进程的约束效应。王家庭基于面板数据研究了土地资源限制对我国城市化进程的约束效应，得出土地约束效应东部＞西部＞中部的结论。张琳基于面板数据研究了土地资源限制对中国城市化进程的约束效应，得出土地资源的约束效应为0.0199%。王伟同基于时间序列数据对辽宁省城市化进程的能源约束效应进行了研究，得出其约束效应大小为0.0792，并指出这一约束效应将持续存在。

4.4.1 理论模型构建

构建资源对城市化发展的约束模型的基本思路为：随着经济的增长，加剧了对资源的消耗，但是不可避免地要受到资源容量的限制，资源的限制反过来会降低经济增长的速度。资源约束与经济增长具有相互作用的关系，而经济增长与城市化具有相互作用的关系，资源约束会对经济增长产生影响，而经济的增长又会进一步作用于城市化，两个环节的传导形成了资源对城市化进程的"约束"效应（见图4-3），即资源的限制会抑制城市化进程。

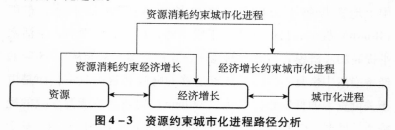

图4-3 资源约束城市化进程路径分析

4.4.1.1　资源对经济增长的约束模型

自英国经济学家哈罗德和美国经济学家多马在凯恩斯宏观经济学理论的基础上建立了第一个真正意义上的现代经济增长理论以来，经济增长理论一直是经济学家研究的重要课题之一。经典的索洛—斯旺模型的基本假设为：（1）生产过程中只有资本和劳动两种生产要素且可以相互替代。（2）市场是完全竞争的且处于充分就业状态。（3）生产规模报酬不变。（4）劳动力按照一个不变的比率 n 增长。（5）社会储蓄函数为 $S = sY$，s 为储蓄率，且 $0 < s < 1$。其主要关注产出（Y）、技术进步（A）、资本（K）和劳动（L）4 个变量，其社会生产函数表示为：

$$Y(t) = F[A(t), K(t), L(t)] \qquad (4-5)$$

式（4-5）中，t 表示时间，索洛—斯旺模型中并没有考虑资源要素对经济增长的影响。罗默（Romer）在此基础上，利用柯布—道格拉斯生产函数，分析了土地和自然资源对经济增长的影响，构建了资源约束下的经济增长模型：

$$Y(t) = K(t)^{\alpha} R(t)^{\beta} T(t)^{\gamma} [A(t) \cdot L(t)]^{1-\alpha-\beta-\gamma} \qquad (4-6)$$

式（4-6）中，$R(t)$ 为生产中可以利用的资源数量，$T(t)$ 为土地数量，α、β、γ 分别为资本生产弹性、资源生产弹性和土地生产弹性，且 $\alpha > 0$，$\beta > 0$，$\gamma > 0$ 及 $\alpha + \beta + \gamma < 1$。

考虑到能源资源、水资源、土地资源问题在我国城市化进程中矛盾日益凸显，据中国科学院测算，2011～2030 年，中国城市化水平每提高 1%，需要新增城市用水量 32 亿立方米，新增城市建设用地 3460 平方公里，新增能源消耗将达到 20135 万吨标准煤，也就是说未来 20 年中国城市化水平每提高 1%，所消耗的水量、占用的土地、消耗的能源是过去 30 年城市化水平每提高 1% 的 1.88 倍、3.45 倍和 2.89 倍。这说明我国城市化进程将面临着水资源、土地资源和能源瓶颈。论文对公式进行了修正，生产函数修正为：

$$Y(t) = K(t)^{\alpha} E(t)^{\beta} T(t)^{\gamma} W(t)^{\theta} [A(t) \cdot L(t)]^{1-\alpha-\beta-\gamma-\theta}$$

$$(4-7)$$

式（4-7）中，$E(t)$ 为能源数量，$W(t)$ 为水资源数量，β、θ 分别为能源生产弹性和水资源生产弹性，其他的符号含义不变，且 $\alpha > 0$，$\beta > 0$，$\gamma > 0$，$\theta > 0$ 及 $\alpha + \beta + \gamma + \theta < 1$。对式（4-7）两边取对数，得到的函数形式为：

$$\ln Y(t) = \alpha \ln K(t) + \beta \ln E(t) + \gamma T(t) + \theta W(t) +$$
$$(1 - \alpha - \beta - \gamma - \theta)[\ln A(t) + L(t)] \quad (4-8)$$

再对式（4-8）两边求时间导数，得到函数形式为：

$$g_Y(t) = \alpha g_K(t) + \beta g_E(t) + \gamma g_T(t) + \theta g_W(t) +$$
$$(1 - \alpha - \beta - \gamma - \theta)[g_A(t) + g_L(t)] \quad (4-9)$$

式（4-9）中，$g_Y(t)$、$g_K(t)$、$g_E(t)$、$g_T(t)$、$g_W(t)$、$g_A(t)$ 及 $g_L(t)$ 分别表示产出水平（Y）、资本（K）、能源数量（E）、土地数量（T）、水资源数量（W）、技术进步（A）及劳动（L）的增长率。实现平衡增长路径，产出水平（Y）、资本（K）的增长率必定相等，则函数变为：

$$g_Y^{bgp} = \frac{\beta g_E + \gamma g_T + \theta g_W + (1 - \alpha - \beta - \gamma - \theta)[g + n]}{1 - \alpha} \quad (4-10)$$

式（4-10）中，g_Y^{bgp} 为产出水平 Y（t）平衡路径下的增长率，则单位劳动力的平均产出增长率为：

$$g_{Y/L}^{bgp} = g_Y^{bgp} - g_L^{bgp} =$$
$$\frac{\beta g_E + \gamma g_T + \theta g_W + (1 - \alpha - \beta - \gamma - \theta)g - (\beta + \gamma + \theta)n}{1 - \alpha}$$

$$(4-11)$$

　　式（4－11）说明，在平衡增长路径上，单位劳动力平均产出增长率可以为正值也可以是负值，也可以看出能源、土地资源、水资源对单位劳均产出增长率是有约束作用的。为进一步测算能源、土地资源、水资源所产生的约束大小，需要假定：一是从长期来看，假设土地资源和水资源不变，在能源不受限制，指能源的增长率与劳动力增长率持平，即能源的增长率 $\dot{E}(t) = nE(t)$，可以得到新的单位劳动力平均产出增长率为：

$$\tilde{g}_{Y/L}^{bgp} = \frac{\beta g_E + \gamma g_T + \theta g_W + (1 - \alpha - \beta - \gamma - \theta)g - (\gamma + \theta)n}{1 - \alpha}$$

$$(4 - 12)$$

　　则能源不受限制与能源受到限制的情形下单位劳动力平均产出增长率之差，则由于能源的有限而产生的约束为：

$$C_E^E = \tilde{g}_{Y/L}^{bgp} - g_Y^{bgp} = \frac{\beta n}{1 - \alpha} \qquad (4 - 13)$$

　　二是假设能源和水资源保持不变，而土地资源不受限制，土地资源增长率与劳动力增长率相同，即 $\dot{T}(t) = nT(t)$，同理，可以得出由于土地资源受限而产生约束为：

$$C_T^E = \frac{\gamma n}{1 - \alpha} \qquad (4 - 14)$$

　　三是假设能源和土地资源保持不点，而水资源不受限制，水资源增长率与劳动力增长率相同，即 $\dot{W}(t) = nW(t)$，同理，可以得出由于水资源受限而产生的约束为：

$$C_W^E = \frac{\theta n}{1 - \alpha} \qquad (4 - 15)$$

　　则能源、土地资源与水资源对经济增长的约束大小为：

$$C_{ETW}^E = \frac{(\beta + \gamma + \theta)n}{1 - \alpha} \qquad (4 - 16)$$

从式（4-16）中可以看出，资源对经济增长的约束随能源生产弹性、土地生产弹性、水资源生产弹性及劳动力增长率而增大，也就是随着各种资源消耗的增加，会进一步提高资源对经济增长的约束，也就从侧面说明粗放的经济增长方式即经济增长过分依赖资源的投入而不是技术的进步，经济的增长将降低。

4.4.1.2 资源约束对城市化进程的影响

构建资源约束对城市化进程影响的模型，还需要构建城市化与经济增长关系的模型，如第3章所述，城市化与经济增长相互作用，经济的增长可以推动城市化水平的提高，而城市化水平的提高刺激经济的增长。文章借鉴周一星建立的城市化与经济增长关系函数：

$$u = a + b\ln y + \varepsilon \qquad (4-17)$$

式（4-17）中，$a < 0$，$b > 0$，u 为城市化率，y 为人均产出，令 $a = -\dfrac{\ln q}{\lambda}$，$b = \dfrac{1}{\lambda}$。将其代入公式中，得出：

$$y = q e^{\lambda u} e^{\varepsilon} \qquad (4-18)$$

再对公式进一步求导与变形，代入式（4-17）中，得出：

$$\dot{u} = \frac{\beta g_E + \gamma g_T + \theta g_W + (1 - \alpha - \beta - \gamma - \theta)g - (\beta + \gamma + \theta)n}{(1 - \alpha)\lambda}$$

$$(4-19)$$

式（4-19）中，u 为城市化水平年增长率，λ 为城市化对人均产出的弹性值，利用与前文能源、土地、水资源对经济增长的约束相同的假设，可以得到能源对城市化进程的约束为：

$$C_E^U = \frac{\beta n}{(1-\alpha)\lambda} \qquad (4-20)$$

土地资源对城市化进程的约束为：

$$C_T^U = \frac{\gamma n}{(1-\alpha)\lambda} \qquad (4-21)$$

水资源对城市化进程的约束为：

$$C_W^U = \frac{\theta n}{(1-\alpha)\lambda} \qquad (4-22)$$

则能源、土地资源和水资源对城市化进程约束大小为：

$$C_{ETW}^U = \frac{(\beta+\gamma+\theta)n}{(1-\alpha)\lambda} \qquad (4-23)$$

从式（4-23）中可以看出，资源对城市化进程约束取决于资源对经济增长的约束和经济增长对城市化进程的影响系数 b，也从侧面说明，高消耗的城市发展会减缓城市化进程。

4.4.2 资源对我国城市化进程的约束效应——基于面板数据的实证分析

根据建立的资源对城市化进程约束模型，本书首先运用面板数据回归分析得出经济增长函数的各解释变量的产出弹性系数。关于面板数据模型的选择，考虑到各要素之间存在替代关系，函数方程存在约束条件，本书采用面板随机边界模型进行回归。再根据城市化与经济增长的半对数函数关系曲线回归分析得出人均城市化对人均产出的弹性值。

4.4.2.1 相关指标的选取和数据来源

本书选取了 2005~2012 年我国 30 个省、自治区、直辖市

（西藏与港澳台地区由于数据缺失原因除外）的面板数据分析资源约束对我国城市化进程的影响，对于模型中涉及的各变量指标的选取如下：对于产出（Y）变量，由于研究的主体为城市，在指标的选择上应尽量反映城市经济，参照王家庭的方法，采用第二产业生产总值与第三产业生产总值之和。对于资本（K）变量，采用全社会城镇固定资产投资。对于劳动力（L）变量，采用城镇单位从业人员。对于能源（E）变量，一方面从数据的可获得性角度考虑，另一方面，电能是城市生产生活的一种重要能源之一，因此，本书采用城市全社会用电量。对于土地资源（T）变量，采用建成区面积。对于水资源（W）变量，采用城市全年供水总量。对于城市化水平（U）变量，采用年末城镇人口比重。变量数据来源于《中国统计年鉴》（2006—2013）与《中国城市统计年鉴》（2006–2013）。

4.4.2.2 计量结果分析

本书运用面板随机边界模型回归分析分别估计出了资本、劳动力、能源、土地资源和水资源的产出弹性系数（见表4-3）。

表4-3　　　　　**资源对经济增长约束的计量结果**

解释变量	Coef.	Z	P >	Z	
lnK	0.2482136	8.33	0.000
lnL	0.3157474	6.16	0.000
lnE	0.08368	2.86	0.004
lnT	0.279036	3.80	0.000
lnW	0.073323	1.99	0.046
constant	2.801552	5.01	0.000
Wald chi2 (4) = 1265.57		Prob > chi2 = 0.0000	

从表4-3中结果可以看出，所有的解释变量均通过了5%水平下的显著性检验，Wald chi2检验较大且通过显著性检验，

可以说明函数的整体解释能力较好。得到生产函数方程为：

$$Y = 2.801552 + 0.2482136K + 0.3157474L + 0.08368E +$$
$$0.279036T + 0.073323W \qquad (4-24)$$

可以得出资本的产出弹性系数 α 为 0.2482136，能源的产出弹性系数 β 为 0.08368，土地资源的产出弹性系数 γ 为 0.279036，水资源的产出弹性系数 θ 为 0.073323。

然后，进一步对城市化与经济增长关系模型进行计量分析，利用式（4-17）进行回归，通过 Hausman 检验的 p 值为 0.014，表明拒绝原假设，采用固定效应模型，得到城市化水平与人均 GDP 的估计结果如表 4-4 所示。

表 4-4　　　　经济增长对城市化进程影响的弹性系数

解释变量	Coef.	t – Statistic	p
Lny	8.479492	31.11931	0.000
constant	− 54.0075	− 16.1501	0.000
F = 900.2648			

从表 4-4 中可以看出，调整的拟合优度 $\overline{R}^2$ 在 0.9 以上，说明回归直线对观测值的拟合程度较好，常量系数 $a < 0$ 且通过显著性检验，人均产出对数的系数 $b > 0$ 且通过显著性检验，回归的结果比较理想，得出回归方程：

$$u = -54.0075 + 8.479492 \ln y + \varepsilon \qquad (4-25)$$

从式（4-25）中可以看出，b 值为 8.479492，则城市化对劳均产出弹性值 λ 为 0.117932。

根据上文模型的推导，对于能源、土地资源和水资源对城市化进程约束效应的大小还需要运用到劳动力增长率 n，根据公式 $n = \sqrt[n-1]{\dfrac{L_n}{L_1}} - 1$，得出劳动增长率 n 为 0.042257。可以计算得出能源对经济增长的约束效应大小为0.004704，土地资源对经济增长的约束效应大小为0.015684，水资源对经济增长约束效应大小为0.004121，则能源、土地资源及水资源对经济增长的约束效应之和大小为0.024509，也就意味着由于能源、水资源的消耗与土地资源的占有，我国的经济增长的速度每年要降低2.45%。根据得出的城市化对劳均产出弹性的值，进一步计算得出能源对城市化进程的约束效应大小为0.039884，土地资源对城市化进程约束效应的大小为0.132995，水资源对城市化进程约束效应的大小为0.034947，则能源、土地资源与水资源三者对城市化进程的约束效应之和大小为0.207826。从结果中可以看出，由于能源、土地资源和水资源的限制，我国的城市化进程每年要下降0.2%。其中，土地资源是城市化进程最大的约束，其次是能源，最后是水资源，这也中国科学院测算未来城市化进程每提高1%，对能源、土地资源和水资源消耗量是过去30年的2.89倍、3.45倍、1.88倍的结果相呼应。一个重要的原因在于土地是不可流动的，它固定在一定的空间位置上，其具有明显的地域性。在经济越发达的地区，对土地资源的需求越是巨大，而土地资源由于其固定性加剧了对城市化进程的约束。而且由于诸多原因，我国一直以来在城市化进程中存在土地资源利用低效的问题。近年来，我国快速的城市化，产生了对土地资源的强烈需求，我国2001~2012年城市用地扩展增长了88.45%，但是同期，城市人口却只增长了48.10%，人口城镇化率也只增长了14.91%，人口的城镇化滞后于土地城镇化。《中国城市状况报告2012/2013》一书中指出，我国适于城乡建设的地区与粮食主产区高度重合，导致耕地保护和城乡建设拓展空间不足的矛盾突出。2013年以后可用于城镇化、工业化和其他方面建设用地的面积为 28 万平方公里左右。2008
~2013 年，每年由国务院和省级政府批准的新增建设用地均不
低于4000 平方公里，而未来 10 年，我国新增城镇人口每年将
达1000 万以上，因此，我国城市建设用地的供给情况不容乐
观。而能源可以在地域间输入与输出，而且可以通过参与全球
化，利用国际资源，一定程度上缓解国内能源约束。水资源也
可一定程度地在地域间输入与输出，我国居民节水意识的提高、
节水技术与水资源循环利用技术的发展在一定程度上也可以缓
解水资源的约束。

　　本章小结：本章主要考察了资源对城市化的约束关系。城
市化推动了城市人口的增长，经济的增长，加大了对资源的需
求，从而增加了城市资源压力，受到资源容量的限制，资源约
束会对经济增长产生影响，而经济的增长又会进一步作用于城
市化，资源的限制会约束城市化进程。本书定量分析了我国的
城市资源压力，并对城市化与城市资源压力的关系进行评价，
得出随着城市化水平的提高，城市资源压力增大。再进一步构
建了资源限制对城市化进程的约束模型。并对我国能源、土地
资源和水资源对我国城市化进程的约束效应进行了实证分析，
得出由于能源、土地资源和水资源的限制，我国的城市化进程
每年要下降 0.2%，其中，土地资源对城市化进程的约束效应
最大。因此，在进行城市化效率测算时，资源应纳入评价城市
化效率的指标体系中。

第 5 章

城市化的环境胁迫效应

环境污染问题一直是困扰全世界的一个重要问题。在经济活动的过程中，除了生产人们期望的产品，也会产生人们不期望的产品"三废"，环境对污染有一定的容纳和净化能力，超过了能力限度就会产生环境的污染问题。城镇化通过人口增长、经济发展、能源消耗和交通扩张对环境产生胁迫，反过来，环境通过人口驱逐、资本排斥、资金争夺和政策干预对城市发展产生约束。

5.1 城市环境污染及成因

5.1.1 城市环境问题

城市经济活动必然意味着资源的利用，资源的利用不可避免地会产生废物，随着城市化推进，有超过一半的世界人口居住在城市，城市成为经济的主体形态。工业化、人口的集中带来的城市环境污染问题成为影响城市质量与效率的重大问题，并受到社会各界的关注。据世界联合国人口基金会组织 2007 年预测：到 2025 年，城市人口将超过全球人口 2/3，超过 90% 的新城市人口将来自发展中国家。而发展中国家正经历着人口的爆炸性增长，经济发展和环境状况较差的低阶段，是发展中国家城市可持续发展面临的紧迫性挑战。而发达国家已经基本完成了城市化的进程，与环境相关的制度也逐步完善，环境治理的力度加大，城市污染在 20 世纪 80 年代以后有所下降，城市变得更加清洁。目前，处于较低发展阶段的发展中国家，随着经济的发展，城市污染水平不断上升，城市环境更令人担忧。在发展中国家，大多数大城市（超过 1000 万人口）因为增加的行业、车辆和人口，空气污染日益严重，空气污染水平有时会超过世界卫生组织（WHO）空气质量标准的 3 倍或者更多。世界银行（2007）报告说，2003 年，中国 341 个被监测的城市中 53% 的城市（这些城市人口占中国城市人口的 58%）年均可吸入颗粒物浓度均高于 100 微克，21% 的城市可吸入颗粒物浓度高于 150 微克，只有 1% 的中国城市人口生活在符合欧盟空气质量标准（40 微克）的城市。2011 年，马尼拉 77% 的检测站读数都超过国家的空气污染标准（90 微克）。据亚洲发展银行 2012 年报告显示，亚洲 67% 的城市不符合欧盟每立方米 40 微克、可吸入颗粒物小于 10 微米的空气质量标准。由于大量汽车的增加，曼谷大气中的臭氧（来自汽车尾气）以 4.3% 的速度增长。而联合国人类住区规划署 2009 年提出，相比全球平均水平，中国和印度的城市具有极高的空气污染水平。2013 年，中国 100 多个大中型城市遭遇了严重的雾霾天气，一些地区中小学停课，高速公路封闭，航班停飞，公交线路停止营运，等等。这种情况在其他的发展中国家也屡见不鲜，伊朗首都德黑兰也曾发生空气污染水平达到危险水平的事件，伊朗官员不得不关闭学校，并进行交通管制，许多居民不得不留在家中或在公共场所戴口罩呼吸，此外，越来越多的人已经出现与空气污染有关的疾病，空气污染严重影响了居民生活质量和身体健康。空气污染对人类长期和短期福利都产生不利的影响，比如，由于造成哮喘、急性呼吸道感染、心脏疾病和肺癌等疾病，增加住院和减少寿命。据估计，在发展中国家的城市，每年 80 万人死于空气污染。当然，这些空气污染现象在城市化发展比较早的发达国家也出现过的，如 1943 年美国洛杉矶的光化学烟雾污染和 1952 年英国伦敦烟雾事件，毒雾造成至少 4000 人死亡，无数伦敦市民呼吸困难，数百万人受影响，等等。

城市的水污染也不容忽视，据《世界水资源发展报告》数据，全球每年有超过 80 万人因饮用遭到污染的水而死亡。在亚洲、非洲和拉丁美洲，每年有约 350 万人死于由于工厂和农田排放的化学物质和营养物质导致的河流、湖泊及地下水等污染有关的疾病。在我国，工业废水、城市生活废水的乱排乱放、城市垃圾，造成河流污染现象严重。我国有约 1/3 以上河段污染严重，90% 的城市水域污染严重，加剧了我国城市水资源的短缺。全国 600 多个城市中约有六成以上缺水，而且半数的城市地下水正受到污染，其中，我国南方城市总缺水量的 60% ~ 70% 是由于水污染造成的。仇保兴提出，水污染导致的水质型缺水是威胁城市水安全的主要因素，当城市化率达到 50% 以后的一段时期，水污染事件会进入高发期：2012 年 12 月，山西长治苯胺泄漏污染事件；2013 年 4 月，云南省昆明市东川区由于当地工矿业排放的尾矿水直接排入河流，使河流成为"牛奶河"事件；北京密云水库上游存在垃圾填埋坑，威胁水源水质；华北平原局部地区地下水污染严重，等等。当然，这些现象在城市化发展比较早的发达国家也出现过的，如，1878 年，英国发生了泰晤士河水中毒事件；1892 年，德国的莱茵河因为严重污染变成"泡沫河"，经过 70 年的治理才大有改观，等等。其他的发展中国家也发生过类似的严重水污染事故：2009 年，印度南部城市海得拉由于被污染的脏水渗漏进饮用水的管道，发生饮用水污染造成 7 人死亡，200 多人入院接受治疗；2012 年，埃及曼妮苏夫省发生了严重的饮用水中毒事件，造成 1000 人中毒；埃及每年约有 450 万吨污水未经处理排放至尼罗河，每年约 10 万人由于引用污染水而感染肾脏疾病，其中约 150 人将可能发展成肾癌……

5.1.2　城市污染成因分析

城市集聚的正外部效应促进了经济的发展，但集聚也存在成本，在发展的过程中也同时产生外部不经济。城市由于其较高密度的人口和经济活动，产生了较大物质和能源消耗，城市的发展需要自然资源和环境作为补偿，更大的人口密度使城市环境变得更为脆弱。据联合国人口活动基金会 2007 年统计，城市只覆盖 2% 的地球表面，但消耗全部资源的 75%，产生所有污染的 75%。从福利经济学角度看，所谓的外部性，是一个经济行为主体的活动影响另一个或另一些行为主体产生福利效果，而这种效果未能在市场交易或价格体系中反映出来。环境污染问题为典型的外部性问题，环境经济学理论认为环境问题恶化的原因主要由市场失灵和政策失灵导致。由于存在产权不明晰、不确定性等市场失灵，政府干预成为解决环境问题的重要工具，有时政府制定的政策进一步扭曲市场，降低了经济效率或不能实施改善经济效率，显示出政策失灵。市场失灵和政策失灵在发达国家也是同样存在的，相比于发达国家，发展中国家和正在转型中的国家城市正面临严重的环境退化。道格（Dug）指出，在环境政策可能对就业产生负面影响，以创造就业机会的消除城市贫困和发展经济为当务之急的发展中国家，政府不太可能认真对待环保，由于忽视或者推迟针对环境恶化采取的措施，在中长期将付出更大的成本。里特伯根（Rietbergen）认为，发展中国家经济发展对环境资源有更大的依赖，落实环保政策的体制基础薄弱，阻碍引入市场化手段的风险更大，较严峻的社会公平和正义问题，以及一个较弱的环境研究和开发能力，这些都使发展中国家经济手段管理环境的能力较弱。布莱克曼（Blackman）认为，财政、体制和政治上的限制使发展中国家比发达国家环境监管更加困难。与此类似，贝尔（Bell）进一步指出，环境市场的透明度、环境的准确监测、完成交易的动力和信任在转型国家和发展中国家很少或者几乎不存在限制了环境治理效率。联合国人类住区中心还指出，因为城市化的巨大规模和速度，在发展中国家的城市环境问题更为严峻。此外，发展中国家更趋向于形成大城市，由于存在资源开发、环境管制的市场机制和政治体制问题，容易产生过度迁移和城市规模大于有效规模，人口和经济活动的过度集中加剧了环境压力。1976 年，44% 的发展中国家的报告已实施减少人口流入大城市的政策，到 2011 年，这一比例上升到了 72%。与此同时，发达国家中，减少人口流向大城市的政策从 1976 年的 55% 下降到 2009 年的 34%。对那些快速城市化而其国家财富水平正在上升阶段的低收入和中等收入国家来说，环境问题最是明显。

在欠发达的国家，快速的城市发展往往由于占很大比例的旧车、维修不善的车辆和大量的二冲程车产生更高的污染。快速城市化的国家也会由于一方面快速城市化带来的城市人口集聚给供水、卫生设施和废物处理带来了巨大的压力，另一方面，城市化的快速步伐意味着较少的时间来调整和学习，很多城市面对城市的快速发展时在城市规划、城市开发技术、城市管理等方面都没有做好充足的准备，也加剧了环境的挑战。

总体来说，我国的城市空气污染问题一方面与我国以煤炭为主的能源结构密切相关，工业是大气污染的主要来源。另一方面，经济的快速发展，生活水平的提高，居民对物质和能源消耗的需要迅速增加，如汽车总量迅速增加，截至 2013 年底，中国的汽车保有量达到 1.37 亿辆。还有来自环境的政策失灵和管理失灵，政策失灵表现在宏观政策失灵和微观政策失灵两方面。宏观政策的失灵表现在我国官员绩效的考核体制使官员更关注的是经济的增长，因为企业的生产可以为地方政府带来税收，提供就业机会，政府追求经济利益的最大化鼓励企业的生产，滋生地方保护主义，而企业的目标是实现利润的最大化，造成政府和企业都没有保护环境的积极性。微观政策失灵主要是指我国环境政策存在缺陷，如我国的环境政策带有严重的计划经济色彩，缺乏鼓励环境管制和环境保护技术开发的机制。环境管理失灵是我国环境监管体制和监管部门都存在一系列的问题，导致环境监管部门监管不力。所幸的是，随着经济的发展，面对日益恶化的环境，政府要求转变发展方式，推动可持续发展。一方面，对政府官员的考核体系做出了调整，推动环境的管理战略、市场机制的转型，从机制和体制上推动保护环境的积极性；另一方面，加大了对环境的治理，如 2010 年投入

80 亿元对中小河流进行治理，2014 年投入 100 亿元支持大气污染治理，一些地市也加大了对环境治理的投入。同时，由于环境与居民的生活品质息息相关，居民的环保意识也逐步增强。但是较大的人口基数和较低的城镇化率意味着我国处理环境问题还有很长的路要走。

5.2　中国城市污染状况的经济评价

5.2.1　评价方法

要正确评估中国城市环境污染状况，有必要对中国城市的库兹涅茨曲线（EKC）进行评价。EKC 最早由诺贝尔经济学奖得主西蒙·库兹涅茨提出，假设经济不平等随着经济起飞最初表现为上升，随后稳定，随着进一步的发展到达一个转折点后经济不平等下降，经济不平等与经济发展之间产生了倒 "U" 型曲线。格罗斯曼（Grossman）等在同样设置下用环境指标代替了经济不平等指标，发现环境与经济发展之间也存在倒 "U" 型曲线，被称为环境库兹涅茨曲线。提出在工业化的初级阶段，由于人们比起干净的水和空气，更关注收入和工作，社区为减排支付的资金也较少，环境的监管也比较弱，环境的污染会迅速增长，随着收入的增长，人们对环境质量的要求提高，绿色技术被开发利用，环境监管更严格与高效，为了模拟的环境库兹涅茨曲线，人们通常估计以下计量模型：

$$\ln ENV = \beta_1 + \beta_2 \ln GDP + \beta_3 (\ln GDP)^2 + \mu \quad (5-1)$$

在式（5-1）中，ln 表示对数，ENV 为环境指标，如工业废水排放、工业烟尘排放、二氧化硫排放，为通常的扰动项，为待估参数。

格罗斯曼与布鲁恩（Bruyn）把污染排放分解为规模效应、结构效应（投入结构、产出结构）和技术效应，污染物的排放随着与时间相关的技术效应而减少，生产力的增长和能源强度的下降也发挥了一定的作用。在发达国家，增长缓慢，减少污染的技术变革能够超过由于收入上升导致的排放增加的规模效应，而在快速增长的中等收入国家，随经济增长增加污染的规模效应超过了减少污染的技术效应。

很多的学者对环境库兹涅茨曲线进行了实证检验，格罗斯曼通过对32个国家的52个城市的环境与经济面板数据进行研究发现，SO_2的环境库兹涅茨曲线转折点在4772～5965美元，而烟尘排放并不符合环境库兹涅茨曲线，即使在低收入水平，也会出现烟尘排放下降。帕纳约托（Panayotou）通过对30个发达与发展中国家的城市1982～1984年SO_2排放的EKC研究，得出转折点在5965美元，考夫曼（Kaufmann）通过对13个发达国家和10个发展中国家1974～1989年SO_2排放的EKC研究，得出转折点在14730美元，里斯特（List）对美国1929～1994年SO_2排放的EKC研究得出转折点在22675美元，斯特恩（Stern）对73个发达和发展中国家1960～1990年SO_2排放的EKC研究，得出转折点在101166美元。中国作为一个发展中大国，对于中国EKC的实证研究也很多，达斯古普塔（Dasgupta）以中国为实证对象，揭示发展中国家的环境改善是可能的，污染退化峰值要比早期发展的国家低。近些年来，中国一直在努力减少硫排放量，甚至碳排放量，中国政府正在制定环保政策并朝着可持续发展的方向持续努力。部分学者也持类似的观点，加拉格尔（Gallagher）认为，中国采取的汽车污染物排放标准比欧盟滞后 8～10 年，而中国的人均收入滞后西欧远远超过 10 年。彭水军以中国各个省（区、市）1996～2002 年的面板数据，得出我国的工业废水与工业二氧化硫排放转折点在 2.46 万元/人与 0.794 万元/人，与其他国家相比，我国存在以相对低的人均收入水平越过环境倒 U 型曲线转折点的可能，工业烟尘与经济呈线性负相关，工业粉尘与经济增长呈"N"型，固体废弃物与经济增长呈"U"型。陈石清以中国各个省（区、市）1989～2004 年数据建立面板数据，得出环境库兹涅茨曲线假说并不适用所有的污染物，我国工业废气排放、固体废弃物排放环境库兹涅茨曲线不成立的结论，指出我国不能走"先污染后治理"的老路。赵细康指出，中国的多数污染物的排放与经济发展之间的关系并不存在典型的环境库兹涅茨曲线特征，而且一些污染物的排放还出现了反弹，我国的整体环境仍不断恶化。本书采用我国城市数据进行实证分析，研究我国的城市发展是否存在环境库兹涅茨曲线。如果存在，我国的城市环境与经济发展处于哪个阶段。

所采用的是面板数据 2003～2011 年中国地级及以上城市，面板数据具有横截面和时序两个维度特性，是截面上个体在不同时点的重复观测数据，比单纯的横截面数据获得更多的动态信息，同时，还可以增加观测值，从而增长估计量的抽样精度，样本数量对环境库兹涅茨曲线的存在有显著作用。面板数据的模型通常有混合模型、固定效应模型和随机效应模型。面板数据的模型一般定义为：

$$i = 1, \cdots, n \quad t = 1, \cdots, T \qquad (5-2)$$

假设 y_{it} 为被解释变量横截面个体 i 个在时间点 t 的数值，

X_{it} 则为随横截面和时间变化的解释变量，β 为模型参数，ε_{it} 则为随机误差项，面板数据模型使我们既可以考察不同城市的差异，又可以发现这些城市之间环境污染和经济增长存在的一般性规律。

混合模型的特点是个体差异特征可以忽略，即如果个体差异特征明显，则根据对个体效应项的假设分成固定效应模型和随机效应模型。随机效应模型假设个体效应项与其他解释变量不相关，服从随机分布。固定效应模型假设不同横截面个体的固定效应项与其他因素无关，是关于 i 的固定常数。三种模型的表达式分别为：

$$\text{混合效应模型}：y_{it} = \mu + X_{it}\beta + \varepsilon_{it} \quad (5-3)$$
$$\text{固定效应模型}：y_{it} = \mu_i + X_{it}\beta + \varepsilon_{it} \quad (5-4)$$
$$\text{随机效应模型}：y_{it} = u + \mu_i + X_{it}\beta + \varepsilon_{it} \quad (5-5)$$

在对模型进行估计之前，首先要进行模型的设定检验，以选择合适的模型形式。模型的设定检验包括两种：F 检验和 Hausman 检验。F 检验的假设为：$H_0: \mu_1 = \mu_2 = \cdots\cdots = \mu_n$。Hausman 检验的假设为：$H_0$：假设个体效应 μ_i 与解释变量不相关，即 $\text{cov}(\mu_i, X_{it}) = 0$。

5.2.2　数据来源

数据来源于《中国城市统计年鉴》（2004 – 2012），因为关于城市环境污染三大指标的统计从 2003 年开始，对于工业废水排放本书记为 Wastewater，工业二氧化硫排放本书记为 Sulfur，工业烟尘排放本书记为 smoke。选取的城市个数为 282 个，拉萨、柳州由于数据缺失而被剔出，巢湖由于撤市为县也剔除，陇南、中卫由于 2003 年还未立市也剔除。因此，考察的城市中部为 80 个，西部为 81 个，东部为 121 个。从统计年鉴上的数据来看，地级以上城市统计数据包括"全市"和"市辖区"两项，考虑到全市的数据包括全部行政区域，包含了农村数据，市辖区只包括城区及郊区数据，本书研究的对象为城市，所以选择的是市辖区数据。

5.2.3 环境库兹涅茨曲线结果分析

（1）工业废水排放量与人均 GDP 的关系。首先进行 F 检验，得出的检验结果如表 5 - 1 所示。

表 5 - 1　　　　　　　　　　F 检验值
Redundant Fixed Effects Tests
Pool: N
Test cross-section fixed effects

Effects Test	Statistic	d.f.	Prob.
Cross-section F	77.074058	(281,2254)	0.0000
Cross-section Chi-square	5993.908486	281	0.0000

F 检验结果表明，应拒绝原假设，混合效应与固定效应相比，选择固定效应模型。再进行 Hausman 检验，得出的检验结果如表 5 - 2 所示。

表 5 - 2　　　　　　　　　Hausman 检验值
Correlated Random Effects - Hausman Test
Pool: N
Test cross-section random effects

Test Summary	Chi-Sq. Statistic	Chi-Sq. d.f.	Prob.
Cross-section random	62.984316	2	0.0000

Hausman 检验拒绝原假设，随机效应与固定效应相比，选择固定效应模型。根据模型形式和回归的结果（见表 5 - 3），得出表达式如下：

$$\text{lnWastewater} = 1.564498 + 1.240412\text{lnGDP} - 0.055394$$
$$(\text{lnGDP})^2 \qquad (5-6)$$

这一结果表明，我国城市人均 GDP 与工业废水排放之间存在库兹涅茨倒 "U" 型曲线关系，转折点约为72900 元，意味着工业废水排放随着城市经济的发展不断增长，直到人均 GDP 达到72900元，与李金滟计算的 2003～2005 年城市数据得出的工业废水转折点 29412 美元相比，有了较大幅度的减少，达斯古普塔认为，随着时间的推移，排放—收入曲线会向下移动，随着未来绿色技术的发展及环境保护政策的加强等因素，这一转折点可能会提前。说明一方面我国近几年在对城市环境的管制有所加强，加大了绿色技术的运用；另一方面，近年来，随着地级及以上城市的快速发展，城市居民的环境保护意识增强，土地价格上升，一些工业开始转向正寻求发展的县城、乡镇甚至农村地区，使城市环境转折点向下移（见图 5 - 1）。同时也

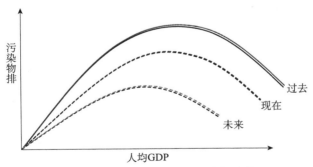

图 5 - 1　环境库兹涅茨曲线变化趋势

可以看出，我国大部分的城市人均收入也没有达到这一水平，很多城市仍然处于环境库兹涅茨曲线的上升侧，我国城市水污染问题不容小视。

表 5 – 3　　　　　　环境污染城市人均 GDP 的估计结果

指标	废水排放	二氧化硫排放	烟尘排放
lnGDP	1. 240412 ***	2. 382642 ***	0. 133801
(lnGDP)^2	– 0. 055394 ***	– 0. 109452 ***	– 0. 008276
constant	1. 564498 *	– 2. 2421 *	9. 183985 ***
AdR^2	0. 912433	0. 876401	0. 774644
F-statistic	94. 41049	64. 56559	31. 81534
obs.	2538	2538	2538

（2）工业二氧化硫排放量与人均 GDP 的关系。F 检验与 Hausman 检验结果分别如表 5 – 4 与表 5 – 5 所示。

表 5 – 4　　　　　　　　　F 检验值

Redundant Fixed Effects Tests
Pool: M
Test cross-section fixed effects

Effects Test	Statistic	d.f.	Prob.
Cross-section F	53.889675	(281,2254)	0.0000
Cross-section Chi-square	5186.634703	281	0.0000

表 5 – 5　　　　　　　　Hausman 检验值

Correlated Random Effects - Hausman Test
Pool: M
Test cross-section random effects

Test Summary	Chi-Sq. Statistic	Chi-Sq. d.f.	Prob.
Cross-section random	38.547902	2	0.0000

表明选择固定效应模型表达式，结合表 5 – 3 的回归结果，得出表达式如下：

$$\ln\text{Sulfur} = -2.2421 + 2.382642\ln\text{GDP} - 0.109452\ (\ln\text{GDP})^2$$

$$(5-7)$$

这一结果表明，我国城市人均 GDP 与工业二氧化硫排放之间存在库兹涅茨倒 "U" 型曲线关系，转折点约 53500 元，与李金滟得出的 14873 美元相比，也有了较大幅度的减少。同时，可以看出，有部分城市已经处于转折点或者超过了转折点，但大部分城市仍处于环境库兹涅茨曲线的左半段，也就是大部分城市都是随着经济的增长污染仍在继续增加，我国城市的工业二氧化硫污染仍需关注。

（3）工业烟尘排放量与人均 GDP 的关系。F 检验与 Hausman 检验结果分别如表 5 - 6 与表 5 - 7 所示。

表 5 - 6　　　　　　　　　　　F 检验值

Redundant Fixed Effects Tests
Pool: Q
Test cross-section fixed effects

Effects Test	Statistic	d.f.	Prob.
Cross-section F	30.183266	(281,2254)	0.0000
Cross-section Chi-square	3961.435748	281	0.0000

表 5 - 7　　　　　　　　　　　Hausman 检验值

Correlated Random Effects - Hausman Test
Pool: Q
Test cross-section random effects

Test Summary	Chi-Sq. Statistic	Chi-Sq. d.f.	Prob.
Cross-section random	31.412051	2	0.0000

检验结果表明，应选择固定效应模型，进行回归，综合表 5 - 3 发现，工业烟尘排放与人均 GDP 的相关系数并不显著，说明工业烟尘的 EKC 曲线并不成立，这与我国一些学者如彭水军

得出的结论相同，说明 EKC 并不适用所有的污染物。也有可能是时间序列较短，目前，烟尘排放这一污染物的 EKC 曲线所反映的转变趋势没有显现出来，也许未来时间的增加，这一转变趋势才会显示出来。也就是说，我国城市工业烟尘的排放与人均 GDP 的关系也许正处于上升阶段，烟尘污染正在不断恶化，离转折点还有一段距离，近一年来频繁出现的雾霾天气充分说明了这一点，工业烟尘污染是城市环境污染的一个重大问题。

5.3　城市化与环境污染关联机理

5.3.1　城市化与环境污染关联机制理论论述

城市化是一种强烈人类活动过程，与城市化和工业化有关的大规模活动如交通、建筑施工、发电、工业生产等都会导致环境的恶化。城镇化推动经济增长，提高了居民收入，居民可以购买车辆，购买更多工业制成品，消费更多的电，促进化石燃料的消费，日益集中人口与经济活动，以及不断增长车辆总数。联合国人居组织指出，城市化带来了城市的扩展，刺激了对交通的需求，城市的交通是造成空气污染和噪声污染的一个重要原因，2013 年，世界人居日选择了"城市交通"这个主题。在快速城市化阶段，快速的城市面积与城市人口的增长及工业化发展给生活和环境带来了一系列负面的影响：如失去开放的空间；交通的拥挤，城市的居民需要花费更多的时间、精力与成本在每天的出行上；空气污染、噪声污染、水体污染等环境质量的下降；宜居性下降，等等。皮尔斯（Pearce）分析了不同的城市发展阶段会产生不同主要环境污染问题，在起飞阶段，主要的环境问题表现在城市迅速扩张，土地过量使用；在城市快速发展阶段，大气污染问题表现突出，在城市发展顶峰阶段，噪声污染问题严重；在城市扩展到一定规模，产业、人口的大量集聚造成资源的过度消耗，特别是对空间转移较困难的水资源；在城市的下降和低谷阶段，交通拥挤问题依然严重。目前，国外把城市化引发的环境污染问题的研究已经统一到可持续发展的大框架中。同时，城市化也可以促进环境问题的缓解，由于随着城市化的进程，城市中心土地价格上涨，还有基础设施如港口、高速公路等的建设，促进了一些传统的制造业从城市中心转移，制造业企业认识到选择一个不太集中的位置，可以支付更少的工资和更低的土地价格。如我国的一些制造业向中西部地区转移，甚至向一些落后国家转移，而这些城市将会转向污染较小的生态足迹，如向知识产业与服务产业转变。老的工厂关闭，在新的地点建设的新工厂会采用更好更新的技术，在一定程度上降低了每单位产出的污染。总的来说，城市化推动环境问题的解决主要表现在以下几方面：第一，因为同样的产出城市集聚与不集聚相比要减少资源的消耗，因此城市的生产效率高于农村，而且农村居住相对分散，城市化使人口集中到城市，因此，城市化一定程度可以减少生态足迹。第二，城市化会推动产业结构的调整，一般认为，以工业为代表的第二产业对环境的污染程度要高于以农业为代表的第一产业和以服务业为代表的第三产业。奥斯特哈韦（Oosterhave）等提出，产业结构的升级是推动环境质量改善的一个重要原因，服务业发展总是与城市化相联系，没有城市化，第三产业很难繁荣，因为大多数服务业的发展都需要客户的集聚，而服务业产生的污染比制造业产生的污染要小。城市化推动第三产业的发展，传统的制造从大城市中心迁离，促进新生产技术的使用，因此，一定程度上减少了污染。第三，相比于农村，城市的卫生设施、垃圾处理设施等的建设、维护和操作更为经济与方便，对污染的处理更具规模效应。第四，绿色技术一般率先在城市中发明和运用。第五，城市化促进经济增长，收入提高，催生了一大批中产收入家庭，他们对环境有更高的要求，一方面推动政府对环境保护的干预；另一方面，他们更愿意选择绿色环保产品的产品消费，消费结构的改变也会促进生产结构的改变，从而影响污染的强度。第六，城市生活成本的提高、教育水平的提升，一定程度上推动了生育率下降。因此，从长远看，城市化推动污染的减少。从区域的角度分析，不同的城市化发展模式，不同的城市发展道路，不同的城市化进程，产生的污染问题也有所不同。城市环境污染的一般性规律与其特殊性，引起了很多学者的关注与研究。

5.3.2 城市化与环境污染关联机理的实证分析

王（Qingsong Wang）运用城市环境熵对山东省 17 个城市的城市化与空气污染之间的关系进行了实证分析，提出城市化发展与空气环境呈正相关，2008 年青岛与济南的城市化提高了空气环境。亚洲发展银行 2012 报告中通过对 2000～2008 年亚洲国家 PM_{10} 和 CO_2 与城市化之间的关系进行计量分析发现，亚洲国家 CO_2 的转折点在城镇化水平为 52% 的阶段，PM_{10} 在城镇化水平 45% 的阶段。王家庭利用全国 29 个省区的2000～2010年数据对工业污染、生活污染与城市化水平关系研究得出环境污染与区域城市化的关系呈现倒"U"型曲线，但是中国的大部分省市目前还处于随城市化水平提高，环境污染加剧的阶段。杜江利用环境库兹涅茨曲线检验了我国省级面板数据城市化水平与污染物排放之间的关系，得出废水、固体废弃物、废气和二氧化硫排放与城市化存在倒"U"型，而烟尘和粉尘排放与城市化呈正"U"型。王瑞鹏通过对新疆1992~2011年数据进行分析，发现城市化在短期内是造成环境污染的主要原因，但是在长期来看，城市化会改善环境状况。

对于经济与环境污染的研究，一般选用 EKC 模型，EKC 研究的是环境污染指标与人均 GDP 之间存在倒"U"型曲线关系。而经济与城市化相互作用，由于不同的国家同一城市化水平会实现不同的人均国内生产总值，定量研究城市化水平与环境污染之间的关系，关键的是要控制模型中的 GDP，使得城市化对环境指标的影响可以正确地识别和量化。因此，本书选用以下计量模型来衡量城市化与污染排放的关系。

$$\ln ENV = \alpha + \alpha_1 \ln GDP + \alpha_2 (\ln GDP)^2 + \beta_1 \ln Urb + \beta_2 (\ln Urb)^2$$
$$+ \beta_3 (\ln GDP) \times (\ln Urb) + \mu \qquad (5-8)$$

经济指标选择采用人均 GDP 数据，Urb 为城镇化率。数据来源于《中国统计年鉴》（2006—2013）。本书主要考察了废水排放（包括工业废水和生活废水）与城市化的关系，二氧化硫（包括工业二氧化硫和生活二氧化硫）与城市化的关系，烟尘（包括工业烟尘与生活烟尘）与城市化的关系。三个模型通过 F 检验和 Hausman 检验都选择了固定效应模型，废水排放、二氧化硫排放、烟尘排放与城市化水平的估计结果如表 5-8 所示。

表 5 - 8   污染物排放与城市化水平的估计结果

指标	废水排放	二氧化硫排放	烟尘排放
lnGDP	- 3. 65678 ***	3. 999304 ***	- 1. 26232
(lnGDP)^2	0. 205932 ***	0. 232692 ***	0. 603538 ***
lnUrb	14. 36108 ***	- 12. 3908 ***	- 2. 41316
(lnUrb)^2	- 1. 72321 ***	4. 345804 ***	3. 792801 ***
(lnGDP) * (lnUrb)	- 0. 07981	- 2. 22069 ***	- 2. 86663 ***
constant	1. 138608	9. 291955 *	19. 09952 ***
AdR^2	0. 992937	0. 990911	0. 970723
F - statistic	993. 1103	770. 4278	234. 9917
obs.	248	248	248

注：*** 、** 、* 分别表示在1%、5%、10%的水平上显著。

结果表明，废水排放与城镇化水平存在库兹涅茨曲线关系，按照目前的城市化推动模式，转折点约为城镇化水平到达65%左右，显然，我国的城市化水平离这一转折点还有一段距离。废水污染问题仍是城市化过程中不可忽视的重要问题。二氧化硫排放与城市化水平为正"U"型，且目前所有的省份都处于"U"型曲线的右侧，也就是随着城市化水平的提高，二氧化硫污染状况进一步恶化。烟尘排放与城市化的相关系数并不显著。可以看出，运用我国省级面板数据，城市化与环境污染之间的关系计量结果并不理想，与假设存在一定出入。笔者认为，由于我国分为明显三大经济带，东部省份经济发达，而西部地区较为落后，存在明显的区域差异。约翰娜（Johanna）提出，若回归的数据是对发达国家和发展中国家的混合样本，找到环境库兹涅茨曲线的概率减小，这个结果可能是混合样本获取的是个体的异质性，因而可驱动估计系数接近零，也就是过大的地区差异不利于证明环境库兹涅茨曲线。同样的道理，过大的区域差异也不利于证明城市化与环境污染排放的库兹涅茨曲线，而且采用省级数据样本较少，也会导致出现库兹涅茨曲线不存在的可能。总的来说，我国大部分省（区、市）都处于随城市化水平上升、环境污染程度加剧的阶段。

本章小结：本章主要考察了城市化与环境污染的胁迫关系，本书从城市化过程中城市环境污染问题、城市污染的成因分析入手，进一步阐述了城市化与环境污染的关系，并对中国的城市环境污染分析，表明我国的城市大部分处于污染转折点的左侧，正处于环境污染的上升阶段，城市环境污染是不容忽略的问题。进一步对中国城市化与环境污染进行了实证分析，得出我国目前还未达到与转折点相应的城市化水平。因此，在进行城市化效率测算时，环境污染应纳入评价城市化效率的指标体系中。

第 6 章

中国城市化效率测度指标体系的构建及评价分析

　　中国的快速城市化进程与经济增长已经成为一个不争的事实，但是很多学者指出，城市化效率低下是我国城市化的一个基本特征。吴敬琏指出，快速城市化过程也面临严重的建设效率与营运效率问题，粗放的城市化发展模式造成了城市建设资源极大的浪费，城市本身较低的运营效率影响了城市竞争力和居民生活质量的提高。孙东琪等认为，我国的城市化成本居高不下，而且其带来的经济增长、社会福利水平的提高和资源的合理配置等城市收益十分低迷，从而导致城市化水平提高了，但是城市化质量与效率不高，因此，他认为城市化水平并没有实质性的提高。王家庭也指出，我国的城市化过程中存在高投入、低产出、低效率的问题是在推动城市化进一步提升的过程中不能忽视的重要问题。张明斗指出，城市化过程中资源的高消耗和浪费成为我国城市经济运行的伴随物。肖文等认为，我国的城市化增长严重滞后于经济增长，城市化长期处于低效率状态。为了确保一个绿色城市化道路，节约和效率的提高对城市化的速度和质量的结合至关重要。笔者认为，在衡量我国城市化效率时，除了关注资源的投入外，环境污染问题是一个不容忽视的问题。本书尝试研究以下问题：在资源与环境约束下我国的城市化效率如何？有哪些时空演变特征？影响城市化效率的因素有哪些？

虽然，目前也有学者对中国化城市效率进行了研究，但是从资源与环境的角度进行研究的很少，考虑了非期望产出的模型更加强调城市经济的发展与资源环境的协调，与我国倡导的转变发展方式、生态文明建设、可持续发展的理念相呼应。国内将环境因素纳入效率测算的研究也并不多见，而且大多数是基于工业行业（如王燕）、环境效率（如李静、宋马林）、能源效率（如王喜平、王群伟），基于城市化效率的研究就更少了。

6.1　效率测度的相关方法

目前，评价城市化效率的方法主要有数据包络法、随机前沿分析法、指标体系法、生态足迹法等。

6.1.1　指标体系法

指标体系法比较典型的有王嗣均通过构建一套评价城市效率的指标体系，并根据判断确定每个指标的权重，运用层次分析法评价城市效率。一些学者引用该方法进行了实证分析，如：宋树龙运用王嗣均建立的六项指标对珠江三角洲的城市效率进行了评价，刘兆德则对山东省城市经济效率进行的评价，朱庆芳用同样的方法构建了包含社会结构、人口素质、经济效益、生活质量的指标体系，对全国 188 个大中城市的城市综合效率进行了评价。张麟运用该方法建立了包括经济、社会、资源、环境、政治的指标体系，对我国东中西部地区 6 个城市效率进行测度，指出城市的效率差异对我国城市化进程产生重要影响。

6.1.2　随机前沿分析法（stochastic frontier analysis）

随机前沿分析与 DEA 都为前沿度量方法，随机前沿分析法为参数方法的典型代表，模型用于度量决策单元多个投入，一个产出的情况。SFA 的基本模型为：

$$\ln y_{it} = \ln f(X_{it}, \beta) + v_{it} - \mu_{it} \ (i = 1, 2, \cdots, n) \quad (6-1)$$

$$TE_{it} = E(\exp\{-\mu_{it}\} | \varepsilon_{it}) \quad (6-2)$$

式（6-1）中，y_{it} 表示产出，X_{it} 表示投入变量，β 为待估参数，v_{it} 为随机扰动项，服从 N（$0, \sigma_v^2$）分布，式（6-2）中，μ_{it} 为随机误差且 ≥ 0，在 SFA 使用中，需要选择函数形式，通常有两种函数形式，一种是柯布—道格拉斯生产（C-D）函数（式 6-3），另一种是 Translog 函数（式 6-4）。

$$\ln Y = \beta_0 + \beta_1 \ln K + \beta_2 \ln L \quad (6-3)$$

$$\ln Y = \beta_0 + \beta_1 \ln K + \beta_2 (\ln L) + \beta_3 (\ln K)^2 + \beta_4 (\ln L)^2$$
$$+ \beta_5 \ln K \ln L \quad (6-4)$$

部分研究者采用该方法对城市效率进行测度，如唐枢睿运用 SFA 对鸡西、鹤岗、双鸭山、七台河、大同五大煤炭城市的城市效率进行测度，得出五大城市效率不断上升的结论。戴永安运用 SFA 方法将城市化效率分为人口城市化率、经济城市化率和社会城市化率，并对影响城市化效率的因素进行了分析。侯强运用 SFA 对辽宁省城市技术效率差异进行了研究，得出辽宁省城市技术效率呈上升态势，且城市间差距缩小，效率提升的关键在于创新。

6.1.3　生态足迹法

近年来，也有不少的学者从可持续发展的角度，以城市生态足迹法为工具对城市的效率进行测度。生态足迹由威廉姆于20世纪90年代提出，其基本的思想是：任何人类的活动都要与自然生态系统中的生产性土地和水域进行物质能量交换，因此，人类活动的资源消耗和废物排放都能折算成生产与吸收资源和废物的生产性土地面积。通过计算地区生态足迹、生态承载力，得出地区生态赤字，评价地区是否存在资源的过度消耗和环境污染严重，以此来评价地区发展效率或者资源的利用效率。

生态足迹的计算公式为：

$$EF = \sum_{j=1}^{6} A_j \times EQ_j = \sum_{j=1}^{6} EQ_j \times \sum_{i=1}^{n} \frac{C_1}{EP_i \times YF_i} \quad (6-5)$$

生态承载力的计算公式为：

$$EC = \sum_{j=1}^{6} EC_j \times EQ_j = \sum_{j=1}^{6} AA_j \times YF_j \times EQ_j \quad (6-6)$$

生态赤字计算公式为：

$$ED = EC - EF \quad (6-7)$$

式（6-7）中：EF 表示地区生态足迹，EC 表示地区生态承载力，ED 表示地区的生态赤字，生产性土地可分为六类，A_j 表示第 j 种生产性土地面积，EQ_j 表示第 j 中生产性土地的均衡因子，EP_i 表示生产能力，YF_i 表示第产量因子，C_1 表示消费量。EC_j 表示第 j 种土地类型的生态容量，AA_j 表示第 j 种类型土地类型的实际生产性面积。如果生态赤字 ED 大于 0，表示存在生态盈余，资源的利用效率不足，则城市没有达到最优效率。周国华运用该方法计算了长株潭城市群的生态足迹，得出生态足迹超过生态承载力，城市效率低下的结论。郭秀锐对广州市的生态足迹计算，得出广州市城市资源利用方式正逐步由粗放型向集约型转变，但是进一步减少生态足迹应积极推动生态生产、生活消费方式转变，更为高效地利用资源，建立生态型城市。

6.1.4 数据包络法

数据包络法是一种非参数方法，这方法最先由查恩斯（Charnes）、科珀（Copper）及罗兹（Rhodes）使用，是一种用数学规划方法为具有多个输入和多个输出决策单元确定有效前沿，一旦有效前沿边界确定，各决策单元与此前沿进行比较以衡量效率。如果决策单元位于前沿边界上，则该决策单元的效率为1，如果决策单元不在前沿边界上则称为无效率，则以前沿边界有效点为基准，得出一个相对的效率值。由于人们都期望以最少的投入获得最大的收益，效率一直是人类社会经济活动追求的基本目标之一，而对于复杂的社会系统，效率的计算一直是个难题，适用于复杂的系统的效率评价方法 DEA 模型自提出就引起广泛的关注，使得理论研究得以迅速发展并在实证中得以广泛的应用，如潘卡（Pankaj）等对加拿大的纺织公司的效率评价，雷蒙（Ramon）等对污水处理处理厂效率的评价，莱因哈德（Reinhard）对荷兰的奶牛场效率进行了评价，朱（Zhu）认为，医院、学校、企业、城市等都可以作为决策单元应用DEA 模型进行效率的评价。在我国，从 1989 年魏权龄将这一方法引入中国，国内学者就运用这一方法做了大量的应用分析，特别是近几年（见图 6-1），通过对知网搜索引擎以"数据包络分析"为全文进行期刊文献搜索，可以看出文献数量直线式上升，特别是近些年，主要是相关软件的开发使这一模型应用更为方便。

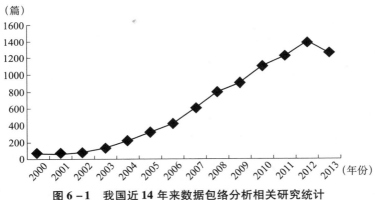

图 6-1　我国近 14 年来数据包络分析相关研究统计

数据来源：中国知网。

由于本书在进行城市化与城市效率计算时，加入了环境污染约束，考虑了环境污染为非期望产出的效率测算。

首先，介绍传统的不考虑非期望产出的 DEA 效率模型：

假设在时间 t 内，有 n 个城市，每个城市都为一个决策单元（DMU），城市 j 表示为 DMU_j（$j=1,2,\cdots,n$），每个城市有 m 个投入 $x_j > 0$，同时，有 q 个产出 $y_j > 0$，$x_j = (x_{1j},x_{2j},\cdots,x_{mj})^t$，$y_j = (y_{1j},y_{2j},\cdots,y_{qj})^t$，投入矩阵 X 和产出矩阵 Y 可以表示为：

$$X = [x_1,\cdots,x_j,\cdots,x_n] \in R^{m \times n},$$
$$Y = [y_1,\cdots,y_j,\cdots,y_n] \in R^{s \times n} \qquad (6-8)$$

则 X 是一个（$m \times n$）的矩阵，Y 是一个（$q \times n$）的矩阵，基于规模报酬不变的生产可能集为：

$$T = \left\{ (x,y): \sum_{j=1}^{n} x_j \lambda_j \leqslant x, \sum_{j=1}^{n} y_j \lambda_j \geqslant y, \lambda_j \geqslant 0, j = 1, \cdots, n \right\}$$

$$(6-9)$$

经典的 DEA 模型包括投入角度和产出角度两种,其中,投入角度的规模报酬不变的 CCR 模型为:

$$\max\theta$$

$$\text{s. t.} \begin{cases} \sum_{j=1}^{n} x_j \lambda_j \leqslant x_0 \\ \sum_{j=1}^{n} y_j \lambda_j \geqslant y_0 \theta \\ \lambda_j \geqslant 0 \quad j = 1, \cdots, n \end{cases} \qquad (6-10)$$

λ 为权重向量,在式(6-10)中加入约束条件 $\sum_{j=1}^{n} \lambda_j = 1$,则成为投入角度的可变规模报酬(variable returns to scale)的 BBC 模型:

$$\max\theta$$

$$\text{s. t.} \begin{cases} \sum_{j=1}^{n} x_j \lambda_j \leqslant x_0 \\ \sum_{j=1}^{n} y_j \lambda_j \geqslant y_0 \theta \\ \sum_{j=1}^{n} \lambda_j = 1 \\ \lambda_j \geqslant 0 \quad j = 1, \cdots, n \end{cases} \qquad (6-11)$$

通过模型显然可以看出,经典的 DEA 模型假设为投入必须最小化和产出必须最大化。最优效率值 θ 不会超过 1,如果等于 1,则处于前沿边界线上。如果 θ 值小于 1,则表示被评价的城市是无效的，θ 值越低则表明被评价的城市效率也就越低。在 CCR 模型中，综合效率 θ 可以进一步分解为纯技术效率 θ_{TE} 与规模效率 θ_{SE} 的乘积，而 BBC 模型考察的是决策单元的纯技术水平 θ_{TE}，因此，规模效率可以通过如下公式获得：

$$\theta_{SE} = \frac{\theta_{CCR}}{\theta_{BBC}} \qquad (6-12)$$

其次是考虑非期望产出的 DEA 效率模型：

关于对加入非期望产出 DEA 模型处理，法尔（Fare）等是最早提出处理非期望产出的 DEA 模型，其基本思想是减少非期望产出必然要牺牲期望产出，引入了非线性规划来处理存在非期望产出的情况，但是非线性规划的方法求解比较麻烦，使其实用性受到限制。还有学者如海卢（Hailu）、王群伟等采用将非期望产出作为投入来处理，基本思想是非期望产出越小越好，但是与生产过程不符。谢尔（Scheel）及塞福德（Seiford）提出的用不同数据转换的方法（相反数或倒数）将非期望者产出转换为期望产出，以使其适用于传统的 DEA 模型，由于排名与参考目标单元可能依赖于变换方法的选择，所以这种处理方法可能会扭曲结果。法尔进一步提出了方向性距离函数来处理包含非期望产出的效率评价问题，方向性环境距离函数的基本思想为生产商的目标是提高期望产出的同时降低非期望产出。方向性距离函数虽然可以处理包含非期望产出的效率问题，但是其依然为产出角度的径向的 DEA 模型度量法。DEA 模型在度量上可以分为径向、非径向、角度、非角度四种，径向是指投入或产出按等比例缩减或放大以达到有效，角度包括投入角度和产出角度。传统的 DEA 模型大都是径向的和角度的，因此，会忽视投入产出的松弛性问题而导致效率值是有偏的或不准确。

本书采用的是托恩（Tone）提出的非径向、非角度的 SBM（slacks – based measure）模型来度量。比起 DEA 的其他模型能更好地体现效率评价的本质。

假定存在非期望产出，因此，q 项产出中包含 $q1$ 项期望产出和 $q2$ 项非期望产出，即 $q = q1 + q2$，产出矩阵 Y 可以表示为如下：$Y = \begin{bmatrix} Y^g \\ Y^b \end{bmatrix}$，其中，$Y^g$ 表示期望产出，Y^b 为非期望产出，$X \in R^m$，$Y^g \in R^{q1}$，$Y^b \in R^{q2}$，$X = [x_1, \cdots, x_j, \cdots, x_n] \in R^{m \times n}$，$Y^g = [y_1^g, \cdots, y_j^g, \cdots, y_n^g] \in R^{q1 \times n}$，$Y^b = [y_1^b, \cdots, y_j^b, \cdots, y_n^b] \in R^{q2 \times n}$。

不变规模报酬下的生产可能性集为：

$$T = \left\{ (x, y^g, y^b) : \sum_{j=1}^{n} x_j \lambda_j \leqslant x, \sum_{j=1}^{n} y_j^g \lambda_j \geqslant y^g, \right.$$

$$\left. \sum_{j=1}^{n} y_j^b \lambda_j \leqslant y^b, \lambda_j \geqslant 0, j = 1, \cdots, n \right\} \qquad (6-13)$$

则非期望产出的 CCR 模型为：

$$\rho^* = \min \frac{1 - \dfrac{1}{m} \sum_{i=1}^{m} \dfrac{s_i^-}{x_{i0}} \geqslant Y_0}{1 + \dfrac{1}{q1 + q2} \left[\sum_{r=1}^{q1} \dfrac{s_r^g}{y_{r0}^g} + \sum_{r=1}^{q2} \dfrac{s_r^b}{y_{r0}^b} \right]} \qquad (6-14)$$

$$\text{s. t.} \begin{cases} x_0 = X\lambda + s^- \\ y_0^g = Y^g\lambda - s^g \\ y_0^b = Y^b\lambda + s^b \\ s^- \geqslant 0, s^g \geqslant 0, s^b \geqslant 0, \lambda \geqslant 0 \end{cases} \qquad (6-15)$$

s^-、s^g、s^b 分别表示投入、期望产出和非期望产出的松弛量，则 $0 < \rho^* \leqslant 1$，当 $\rho^* = 1$ 时，则 $s^- = 0, s^g = 0, s^b = 0$，则

被评价的城市是有效率的。在式中加入约束条件 $\sum_{j=1}^{n} \lambda_j = 1$，则成为可变规模报酬 BBC 模型。同理，规模效率计算公式如下：

$$SE = \frac{\rho^{CCR}}{\rho^{BBC}} \qquad (6-16)$$

目前，学者用 DEA 对城市效率进行测算的研究比较多，如杨开忠、俞立平、郭腾云、席强敏、刘秉镰、张明斗等。

总的来说，层次分析法、生产前沿法层次分析法是可以用较少量的信息系统对决策单元进行综合评价，但同时，指标体系法的权重的确定受人为主观因素的影响较大，一定程度上影响了结果的可信度。而随机前沿需要设定生产函数，生产函数的选择也会影响分析的结果，而且只能处理单个产出，而城市体系是一个复杂的多投入多产出的系统。生态足迹法由于目前国内缺少测算指标相关的统计数据，引用借鉴其他研究的经验参数，在实际的测算中，可能会造成偏差。数据包络法是目前比较普遍的用来测算效率的方法，DEA 方法不需要构建投入产出之间的函数关系，不需要预先设置参数，也无需对投入产出指标的权重进行人为主观设定，而是通过目标函数转化为线性规划问题，通过最优化过程来确定权重，使决策单元评价的结果更具客观性。查恩斯（Charnes）也指出，数据包络法特别适合城市这种复杂经济体的效率评价。金成钟指出，DEA 模型为城市经济学家提供了一个强大的分析工具，可以把城市看作一个使用相同类型的输入产生类似输出的经济实体，用 DEA 方法就可以计算出城市的相对效率，经济学家们便可以用计算的城市相对效率来检验与城市生产力相关的各种假说。因此，本书选择使用 DEA 模型方法对我国城市化效率及城市化效率及城市效率进行测度。

6.2　中国城市化效率的测度与时空演化分析

6.2.1　城市化效率的构成要素

在城市化过程包含人口职业、土地及地域空间、产业结构的转变，需要投入大量的劳动力、资本、土地等资源要素推动城市化的进程，而这些投入资源要素也会带来城市化水平的提高，城市经济的发展，城市社会福利提升等期望产出，但是同时，城市化的过程也会带来相应的环境问题，形成环境污染的非期望产出。这种城市化投入与产出的比较就形成了城市化效率的比较。随着资源红利、人口红利、环境红利的逐步消失，城市化成本将不断提高，低效率的投入扩张将难以持续，城市化效率问题引起社会各界的广泛关注，特别是我国政府主导的城市化发展模式，要素的投入与产出不是按照市场经济主导下的利润最大化的原则，我国的城市化呈现了粗放的发展模式，社会各界都呼吁关注城市化的质量与效率。本书将城市化过程看成是一个经济生产活动过程，城市化过程中通过人口、资源、资金、技术等生产要素向城市集聚，提供城市的生产和发展的投入要素，也带来了城市化水平的提高即城市人口的增加、城市经济的增长、城市社会的发展，同时，城市化也有负外部效益即环境污染问题。因此，本书的城市化效率基本的思想是以较低的要素投入水平，实现更高的人口城市化、经济城市化、社会城市化等期望产出，同时，降低环境污染的非期望产出，这与绿色经济增长要求的低能耗、低物耗、低排放的内涵是相符的，本书基于投入产出的视角，通过效率的测度对城市化发展的质量进行评价。

6.2.2　指标体系的构建

对于城市化效率的测度，指标体系的构建很关键，本书查阅已有关于城市化效率方面的文献，城市化效率投入产出指标的选择，列举有代表性的指标体系如表6-1所示。

表6-1　　　　已有研究的城市化效率指标体系构建

作者	论文题目	指标
张明斗、周亮、杨霞	城市化效率的时空测度与省际差异研究	投入指标：财政支出、城镇固定资产投资总额、城镇就业人员、建成区面积 产出指标：城市化率、非农产值
王家庭、赵亮	我国分省区城市化效率的实证研究	投入指标：财政支出、城镇固定资产投资总额、城镇就业人员、建成区面积 产出指标：城市化率、非农产值
戴永安	中国城市化效率及其影响因素—基于随机前沿生产函数的分析	投入指标：城市建成区面积、非农从业人员数、固定资产投资额 产出指标：市辖区非农人口占总人口比重、非农经济生产总值、人均社会消费品零售总额
万庆、吴传清、曾菊新	中国城市群城市化效率及影响因素研究	投入指标：就业人数、全社会固定资产投资总额、实际利用外资、地方财政一般预算内支出、城市建成区面积、供水总量、全社会用电量、煤气供气总量、液化石油气供气总量 产出指标：城市化水平、工业废水排放量、工业二氧化硫排放量、工业烟尘排放量
梁超	环境约束下中国城镇化效率及其影响因素实证研究	投入指标：非农业人员、固定资产存量、建成区面积、工业废水排放量、工业废气排放量、工业烟尘排放量 产出指标：城市化率、非农经济生产总值、建成区面积与市辖区面积之比、人均社会消费品零售总额

资料来源：中国知网相关文献。

資源環境約束下中国城市化効率測度及城市緑色発展研究

从表 6 - 1 中可以看出，已有的文献对城市化效率指标体系的构建，基本都把资本要素、劳动力要素、土地资源要素作为投入指标，把人口城市化率、经济城市化水平作为产出指标，戴永安进一步把社会城市化水平纳入产出指标，万庆、梁超则考虑了城市化的环境约束，而梁超把污染的排放作为有害的投入要素加以处理，显然与现实生产不符。

本书借鉴柯布—道格拉斯生产函数，生产函数的基本变量为资本、劳动力、技术及国内生产总值，但这往往忽视了资源环境的约束，造成社会福利和经济绩效评价结果的扭曲。在可持续发展中，资源和环境不仅是经济发展的内生变量，而且是经济发展规模和速度的刚性约束。因此，本书在指标体系的构建中充分考虑资源与环境因素，使城市化效率的评价可以综合反映人口城市化水平、经济城市化水平、资源节约、环境保护之间的协调发展情况。本书在构建指标体系中充分考虑到土地资源、能源、水资源问题在我国城市化进程中矛盾日益凸显，未来城市化进程中能源与土地资源、水资源保障形势严峻，因此，城市化效率的投入指标应包含资本要素、劳动力资源要素和土地资源、水资源、能源资源等要素。城市化的过程突出的表现就是城市人口增多，城市经济增长，因此，城市化效率产出指标应包含人口城市化率、城市经济水平，考虑到我国城市化过程中环境形势日益严峻，而城市空气污染和水污染问题是我国现阶段城市化进程中的突出问题，将废水排放、二氧化硫排放和烟（粉）尘排放作为城市化效率的非期望产出。同时，参照借鉴已有研究的投入产出指标选择（见表 6 - 1），对城市化的投入指标选择说明如下。

（1）劳动力要素的投入。劳动力投入增长是改革开放以来中国经济快速发展的重要推动力（耿德伟，2014），我国在过去的几十年享受了可观的人口红利。无论是哪种模式的城市化过程，城市经济的发展与扩张需要大量的劳动力就业，尤其城市是第二产业与第三产业的集聚地，既有劳动力密集型产业，也有资本密集型产业及技术密集型产业，对劳动力的知识水平、技术水平具有较强的兼容性，需要大量的劳动力在城市中就业。城市化的劳动力投入主要来自在城市中工作的人员，而在城市中生产和劳动的人员一般是从事第二产业与第三产业。因此，本书采用城镇就业人口作为城市化过程的劳动力要素投入。

（2）资本要素投入。资本的投入是城市经济增长的动力之一，也是维持城市运行的保证。城市化的发展的根本目的是增进人民福祉。随着城市化水平的提高，城市人口增多，对城市的医疗、文化教育、卫生、养老等基本公共服务及公共交通、水电煤气、绿地等城市公共基础设施提出了更高的要求，城市化成本持续上升。中国社科院城市发展与环境研究所做的《中国城市发展报告》蓝皮书指出，农村人口市民化的成本大约是13万/人，按此标准测算，城市化率达到75%，可能需要超过50万亿资本投入。因此，维持城市的发展，推动城市化过程，完善城市的公共服务设施，需要充足的资本要素的投入，本书采用城镇固定资产投资总额代表资本要素的投入。

（3）土地资源要素投入。土地作为城市化的空间载体，随着城市化的推进，大量的人口、产业向城市集聚，城市基础设施规模扩大，城市规模的扩大、空间的扩展无疑对土地资源产生了旺盛的需求。我国城市建成区面积从1998年的21379.53平方公里扩展到2011年的43603.2平方公里，年均增长约1710平方公里。我国城市建设用地扩张速度明显高于城市人口增长速度，表现出人口城市化滞后于土地城市化的特征，我国目前人均城镇用地达到 145 平方米，工业用地平均容积率仅为 0.3 ~ 0.6。国土资源部发布的《国家土地督察公告（第 5 号）》显示，2011 年，43 个城市有 918 个项目存在土地闲置，面积达到 8.84 万亩，我国城市土地利用存在比较严重低效问题。城市建设用地的扩张必然增加土地资源的需求，包括优良耕地资源，而地方政府对土地财政的依赖也加剧了土地的低效利用。城市化过程中土地利用的效率高低与集约程度成为影响城市化效率的一个重要因素。本书采用建成区面积代表土地要素投入。

（4）能源要素投入。能源是城市发展的基础物质，城市的万家灯火、车水马龙、工厂机器的高速运转等都离不开能源，可以说，能源与城市生活生产息息相关。据有关数据显示，随着我国城市化的发展，我国城市能源消费约占全国能源消费的 75%，城市发展对能源的消耗与依赖日益提高，我国虽然能源储量居世界前列，但是人均能源储量远远低于世界平均水平。随着我国经济的高速发展，我国的能源消费迅猛增长，能源短缺、过度消耗及能源消费引起的环境问题是我国可持续发展面临的重要问题。基于此，提高能源的利用效率与节能减排成为缓解能源供需矛盾及环境问题的重要途径。因此，城市化过程中能源利用效率成为影响城市化效率与质量的一个重要因素。本书采用全省的能源消费总量来表示能源要素投入。

（5）水资源要素投入。城市化与水资源的关系协调问题是世界性的战略问题（方创琳，2004），因水资源的枯竭使城市人口、产业外迁，城市发展没落的案例在世界各国屡见不鲜。据有关数据显示，我国有近半数的城市属于联合国人居环境署评价标准的"严重缺水"和"缺水"城市。我国城市化进程中以城市为中心的供水、排水与水环境保护问题日益严重。水资源的短缺成为制约我国城市尤其是北方城市发展和工业发展的重要因素，水资源重复利用低、管网渗漏等因素使我国不少城市存在水资源浪费与水资源短缺并存的问题。从2001年开始，住房城乡建设部会同发改委组织开展国家节水型城市创建工作。因此，将水资源投入纳入城市化效率的测度指标体系中，能够发现城市化过程中水资源的利用效率问题，本书采用全社会供水总量代表水资源要素的投入。

城市化是工业化与后工业化的必然结果，并反作用于经济，刺激经济增长。相对于农村，城市明显的集聚效应，城市化带来更高的发展效率。城市化发展的根本目标在于实现更好地享受城市生活。随着城市化水平提高，大量农村人口转变为城市人口，非农产业结构比重不断提高，城市经济迅速增长。同时，城市化也有负的外部性，会带来环境问题。对于城市化的产出指标的选择说明如下。

（1）人口城市化。人口的城市化是指人口由农村向城市转移，城市人口不断增加的过程，改变原有的生产方式、生活方式及价值观念，追求更好的城市基础设施与公共服务设施，实现生活水平和生活质量的提高。关于人口城市化，现有的研究一般用城市化率这一指标衡量。

（2）经济城市化。经济城市化是经济结构的非农化的过程，表现为在城市化过程中，人口从农业向非农业转变，城市经济水平提升，第二产业与第三产业不断发展壮大，产业结构不断优化完善，非农产业产值不断增长。基于此，本书采用非农产业产值这一指标来代表经济城市化。

（3）城市污染排放。城市化过程带来了正的经济效益，但城市化过程中的环境问题也不容忽视，基于绿色发展的视角，本书将废水排放、二氧化硫排放和烟（粉）尘排放纳入城市化效率的评价体系当中。

本书以我国的 31 个省（区、市）为决策单元，用以评价各省（区、市）城市化效率。由于分地区的人口城市化率指标公布的统计时间为 2005 年，因此，数据样本时间区间为 2005 ~ 2011，数据来源于《中国统计年鉴》（2006 – 2012）及《中国能源统计年鉴》（2006 – 2012）。

6.2.3　城市化效率的静态分析

6.2.3.1　我国城市化效率现状分析

通过对 2011 年我国 31 个省（区、市）的城市化效率进行计算，得出城市化综合效率、纯技术效率和规模效率的结果如表 6 – 2 所示。

表 6 – 2　　2011 年中国 31 个省（区、市）城市化效率

决策单元	综合效率	技术效率	规模效率	决策单元	综合效率	技术效率	规模效率
北　京	1.000	1.000	1.000	湖　北	0.347	0.431	0.805
天　津	1.000	1.000	1.000	湖　南	0.389	0.490	0.793
河　北	0.380	0.620	0.612	广　东	0.441	1.000	0.441
山　西	0.476	0.476	0.999	广　西	0.408	0.414	0.985
内蒙古	1.000	1.000	1.000	海　南	1.000	1.000	1.000
辽　宁	0.353	0.498	0.708	重　庆	0.470	0.471	0.996
吉　林	0.461	0.462	0.997	四　川	0.332	0.473	0.703
黑龙江	0.412	0.412	1.000	贵　州	0.424	0.440	0.964
上　海	1.000	1.000	1.000	云　南	0.402	0.404	0.995

决策单元	综合效率	技术效率	规模效率	决策单元	综合效率	技术效率	规模效率
江　苏	0.397	1.000	0.397	西　藏	1.000	1.000	1.000
浙　江	0.549	1.000	0.549	陕　西	0.537	0.541	0.992
安　徽	0.374	0.424	0.881	甘　肃	0.392	0.401	0.977
福　建	0.576	0.662	0.870	青　海	1.000	1.000	1.000
江　西	0.488	0.488	1.000	宁　夏	0.625	1.000	0.625
山　东	0.325	1.000	0.325	新　疆	0.359	0.365	0.984
河　南	0.334	0.604	0.553				

从表6-2中可以看出，北京、天津、上海、内蒙古、海南、西藏、青海7个省（区、市）为城市化DEA有效地区，表示这些省（区、市）实现了技术和规模的有效，城市化过程中的投入产出配置得当，能够实现高效稳态的城市规模报酬，其余的24个省（区、市）并未实现城市化的DEA有效。值得注意的是，内蒙古、海南、西藏、青海这几个城市经济并不发达、城市化率并不高的省（区、市），城市化效率实现了DEA有效，说明这些省（区、市）在城市化投入产出规模及技术利用相对于其他非DEA有效的省（区、市）是合理的。说明城市化效率（质量）的提高并不是盲目地追求城市人口的增加和城市经济的增长。在考虑环境污染的非期望产出的情况下，从综合效率来看，我国各地区城市化的平均综合效率为0.5110，说明只达到最优效率的51.10%，表明我国城市化效率不高。目前，城市化过程中还没有很好地实现经济—人口—资源—环境的协调发展，也就意味着，我国城市化过程中城市化水平的提高、城市经济的发展、资源的节约和环境的保护还存在很大的改善空间。但从当前城市化发展现状来看，我国城市化过程中还存在许多问题制约着城市化效率的提高。从区域的差异来看，东部的城市化平均效率为0.6074，东北地区的城市化平均效率为

0.4063，中部的城市化平均效率为 0.3969，西部的城市化平均效率为 0.5318。可以看出，我国城市化效率东部地区＞西部地区＞东北地区＞中部地区，并未表现出与城市经济一致的空间分布格局，中部地区成为了我国城市化效率的塌陷地带。从技术效率来分析，2011 年，我国各地区的城市化技术效率均值为 0.6312，表明我国依然还存在资源配置效率低下、高投入、高排放、低效益的问题。其中，东部地区平均效率为 0.9148，东北地区平均效率为 0.4562，中部地区平均效率为 0.4822，西部地区平均效率为 0.5747，呈现城市化平均技术效率东部地区＞西部地区＞中部地区＞东北地区的特征。北京、天津、上海、内蒙古、江苏、浙江、山东、广东、海南、西藏、青海、宁夏为技术有效的地区。可以看出，其中 8 个来自东部，西部地区也有 4 个，而中部及东北地区的省（区、市）全部为技术非有效，中部除河南外，其他 5 个省（区、市）的技术效率值都在 0.5 以下，说明这些省（区、市）在城市化的推动过程中，资源、环境配置效率低下，存在严重的资源浪费或者环境污染严重的问题，也说明中部地区在城市化发展过程中，城市管理体制存在一定的问题。原因之一可能是随着中部崛起战略的实施，国家加大了对中部地区的支持，加大了对中部地区资源的投入，但是，由于政府投资计划缺少或者监督缺失，造成资源的浪费。原因之二可能是由于中部地区是我国重要的工业基地，钢铁、建材、化工、电力等高能耗产业比重还较高。在推动城市化过程中，传统制造业的转型优化升级进程缓慢。原因之三可能是中国产业转移主要是从最发达地区向周边以及中西部地区转移，根据产业梯度转移理论，发达地区将区域内丧失比较优势的产业向欠发达地区转移，如一些劳动力密集型产业、高耗能产业、高耗材或者高排放产业等向中西部地区转移，而中部地区由于相比于西部地区人口资源丰富、工业产业基础较好，往往成为东部地区产业转移的前沿阵地。但是，东部地区转移的主要是已经或者日趋淘汰的高消耗、高排放产业，可能带来污染转移，这些因素都会反映在城市化效率的测度中。而且通过计算得出中部地区的平均规模效率为 0.8229，中部地区省（区、市）的技术效率不但低于东、西部地区，也远低于自身的规模效率，中部地区城市化过程中的资源配置问题值得重视。东北地区三个省份的技术效率均在 0.5 以下，东北为我国的老工业基地，以汽车、能源、钢铁等重工业为主，资源依赖性强。国企比重高，国企改革缓慢，计划经济思维重，造成东北地区工业存在企业粗放型生产，技术更新慢，缺乏提高效率的动力等问题，形成了"新东北现象"。东部的江苏、浙江、山东、广东实现了技术有效，而综合效率无效。其中，导致综合效率低的一个重要因素是规模效率低下，而规模不足或者规模过大都会影响规模效率，这些省份城市化过程中的规模问题值得反思。从城市化的规模效率来看，我国各地区城市化的规模效率均值为 0.8097，说明达到最优规模的 80.97%，城市化投入产出与有效状态下的最优规模还存在一定的差距。通过比较分析发现，总体而言，我国城市化平均规模效率高于技术效率，说明导致我国综合效率低下的重要因素是技术效率的不足，也说明了在城市化推动过程中，"规模红利"正趋于消失，应向"技术红利"转变，加快城市化过程中城市发展管理体制的改革创新，重点提升资源配置效率。从表 6-2 中可以看出，有 8 个省（区、市）实现了规模有效，其中 5 个来自东部，西部 2 个，中部 1 个，其余的 23 个省（区、市）并没有实现最优生产规模，特别是对于规模效率小于 0.5 的省（区、市）如江苏、广东、山东，应提高其规模效率从而促进城市化综合效率的提高。

6.2.3.2 城市化效率的时间演化分析

由于 DEA 是一个相对比较的结果，对分别每年计算的 DEA 效率进行比较是没有意义的，为进一步分析我国城市化效率的时间变化趋势，本书通过对 2005 ~ 2011 的面板数据进行运算，再计算每年的均值，得出我国城市化效率的综合效率、技术效率、规模效率的变动趋势如图 6 - 2 所示。

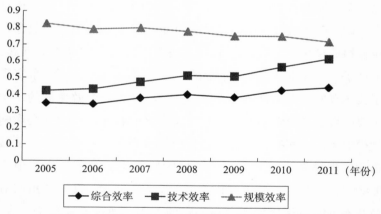

图 6 - 2　2003 ~ 2011 年中国城市化平均效率变动趋势

从图 6 - 2 中可以看出，2005 ~ 2011 年，我国城市化效率整体呈现缓慢增长的趋势，这就意味着，虽然我国目前城市化水平不高，城市化推动过程中，城市经济—人口—资源—环境的协调发展还存在一定差距，但是我国高投入、高排放、低产出的发展模式正处于改善阶段，我国城市化过程中的资源节约、环境保护开始逐步显示成效。其中，2009 年城市化效率有小幅的下降，可能是 2008 年的金融危机的滞后性影响，赫什马提（Heshmati）就指出，减少经济危机影响措施可能会恶化环境，目前学者对绿色经济作为解决经济危机的路径并没有形成共识，但毫无疑问，经济危机会影响环境和可持续发展。

6.2.3.3 城市化投入产出的冗余与不足分析

城市化的非 DEA 有效并不是单一的某种要素粗放发展的结果，而是多种投入和产出集合而成的粗放型发展模式导致的。从上面的 DEA 模型计算可以得出，有 24 个省（区、市）为非 DEA 有效地区，根据决策单元在有效面的"投影"，原理如下式，得到非 DEA 有效的省（区、市）投入产出实际值与有效投入产出目标值之间的差距。

$$\widehat{X}_0 = \theta_0 X_0 - S_0^- = \sum_{j=1}^n \lambda_j^0 X_j \qquad (6-17)$$

$$\widehat{Y}_0 = Y_0 + S_0^+ = \sum_{j=1}^n \lambda_j^0 X_j \qquad (6-18)$$

公式中，λ^0、θ_0、S_0^+、S_0^- 为最优解，S_0^- 为投入的松弛变量，S_0^+ 为产出的松弛变量，$\widehat{X}_0$、$\widehat{Y}_0$ 为决策单元的投入和产出在 DEA 有效面上的"投影"。

（1）投入冗余度分析。对于投入要素以冗余的"投影"可以得知各种资源投入要素非集约度。非集约度 =（实际投入值 - 目标投入值）/目标投入值 × 100%，此值一般为负数，本书对其取绝对值。其分析可以为我国城市化效率改善措施及未来生产力合理布局提供科学的方向。本书按照非集约度的大小划分为 4 种非集约类型，0 < 非集约度 < 10% 的为低非集约型，10% < 非集约度 < 20% 的为高非集约型，20% < 非集约度 < 30

的为强非集约型，非集约度 > 30 的为超强非集约型。根据这一标准分别对 24 个非 DEA 有效的省（区、市）的劳动力、固定资产投资和土地投入的非集约性进行评价，得到的结果如表 6 - 3 ~ 表 6 - 7 所示。

表 6 - 3　　　　　　　劳动力投入的非集约评价

要素	有效型	低非集约型	高非集约型	强非集约型	超强非集约型
劳动力投入	河北、辽宁、江苏、湖北、湖南、广东、广西、宁夏	安徽、山东	浙江、湖南、四川	河南	山西、吉林、黑龙江、福建、江西、重庆、贵州、云南、陕西、甘肃、新疆

表 6 - 4　　　　　　　资本投入的非集约评价

要素	有效型	低非集约型	高非集约型	强非集约型	超强非集约型
固定资产投资总额	浙江、福建、山东、湖北、湖南、广东、宁夏	河北、山西、黑龙江、江苏、河南、广西、四川	辽宁、吉林、安徽	江西、重庆、贵州、云南、陕西、甘肃、新疆	——

表 6 - 5　　　　　　　土地投入的非集约评价

要素	有效型	低非集约型	高非集约型	强非集约型	超强非集约型
建成区面积	浙江、湖南	河北、江苏、湖北、广西	辽宁、安徽、四川、陕西	山西、福建、山东、河南	吉林、黑龙江、江西、广东、重庆、贵州、云南、甘肃、宁夏、新疆

表 6 - 6　　　　　　　水资源投入的非集约评价

要素	有效型	低非集约型	高非集约型	强非集约型	超强非集约型
全社会供水总量	浙江、安徽、山东、河南、四川	河北、福建、湖北、湖南、陕西	山西、辽宁、广东、宁夏	江苏、江西、广西、贵州、云南	吉林、黑龙江、重庆、甘肃、新疆

表 6 – 7　　　　　　　　　能源资源投入的非集约评价

要素	有效型	低非集约型	高非集约型	强非集约型	超强非集约型
能源消费总量	江苏、江西、广东	浙江、安徽、福建、	广西	山东、河南、湖北、湖南、重庆、陕西	河北、山西、辽宁、吉林、黑龙江、四川、贵州、云南、甘肃、宁夏、新疆

　　从表 6 – 3 ~ 表 6 – 7 中可以看出，在劳动力要素投入中，24 个非 DEA 有效省（区、市）中，有 8 个省（区、市）是劳动力投入有效的，包括河北、辽宁、江苏、湖北、湖南、广东、广西、宁夏。有 11 个属于超强非集约型，特别是云南的劳动力投入非集约度达到 63.25%，说明其投入量远远高于目标值。对于资本投入要素而言，资本投入有效的省（区、市）为 7 个，大部分分布在东中部。不存在超强非集约型，说明目前我国城市化过程中资本的浪费问题并不明显。对于土地投入要素而言，24 个非 DEA 有效省（区、市）中，只有浙江、湖南实现了建成区面积的有效，其他的省（区、市）都存在不同程度的非集约化，其中，超强非集约化型省（区、市）最多，也进一步表现了我国土地城市化快于人口城市化的现象，土地资源浪费严重。从水资源的非集约性来看，各类型分布数量较为均衡，其中，超强非集约型主要分布在东北地区和西部地区，新疆的水资源非集约度达到了 52.47%。从能源资源投入要素来看，大部分的省（区、市）都属于强非集约型和超强非集约型，说明我国大部分省（区、市）城市化过程中普遍存在高能耗问题。能源资源投入、土地资源投入、劳动力投入的超强非集约型省（区、市）最多，说明了我国大部分省（区、市）都存在能源消耗、

土地粗放增长问题，我国大部分省（区、市）存在过度消耗能源、土地无序盲目扩张，造成了资源的浪费现象严重，同时，劳动生产率不高，导致城市化的效率低下。重庆、贵州、云南、甘肃、新疆、吉林、黑龙江这些分布在东部地区和西部地区的省（区、市）在劳动力、土地、水资源、能源这些投入要素都属于超强非集约度与强非集约度，对于这些省（区、市），需要进一步向东部地区转移劳动力，同时，引进更多的技术人才，推动产业结构转型与优化升级，提高城镇就业人员的劳动生产率。城市化土地的非集约度较高一部分原因是因为重庆、贵州、云南处于山区，地形限制了土地的集约使用，但总体来说，大部分地区都存在城市摊大饼式粗放发展方式，城市土地超过了应有的增长，浪费现象严重。通过计算得出，我国城市化过程中土地、资本、劳动力、水资源、能源资源投入要素的平均冗余度分别为 20.34%、8.30%、18.72%、13.23%、22.3%，可以看出，冗余度排位最高的是能源资源投入，说明我国城市化过程中一个突出的问题是高能耗问题，城市化与工业化密不可分，本质上依然是我国经济增长的方式与产业结构的问题。土地资源投入的冗余度排位第二，我国城市化过程中首先表现的是土地城市化现象，土地城市化快于人口城市化，城市摊大饼式的扩张，大量的农用地成为城市建设用地，地方政府的土地财政政策推动政府利用土地优惠政策吸引投资与出售土地获得财政收入并加速城市化，导致城市化过程中土地资源的严重浪费。劳动力资源的冗余度也较高，说明我国劳动生产率不高的问题同样明显，在推动城市化过程中，大量的农村剩余劳动力流向城市，大规模的劳动力和较低的劳动成本创造的人口红利一定程度上抑制了劳动生产率的提高。相比于土地、能源自然资源，我国城市化过程中水资源的冗余度并不高，主要得益于节水技术的发展与节水意识的提高。据住房城乡建设部统计，2000~2012年，城市居民人均日生活用水量从 220 升降低到 172 升。近 10年来，全国城镇化率提高了 10%，用水人口增长了 49.6%，城市年用水总量仅增长 12%，基本稳定在 500 亿立方米，年污水再生利用量 32.1 亿立方米，约占城市用水总量的 6%。

（2）期望产出不足度分析。从期望产出的不足度分析，按照不足度的大小分为低度不足型、中度不足型和严重不足型三种类型。其中，所有省（区、市）的城市经济指标均实现了 DEA 有效，说明目前我国的经济发展模式还是追求经济产出的最大化为目标，依然存在唯 GDP 的思想。不足度主要体现在人口城市化的不足。其中，甘肃、宁夏、新疆同时实现了人口城市化与经济城市化的 DEA 有效，也就是说，这些省（区、市）非 DEA 有效来源于过度的资源投入和过多的污染排放。吉林、黑龙江、重庆、贵州、云南属于人口城市化率低度不足，山西、江西、陕西属于人口城市化率中度不足，河北、辽宁、江苏、浙江、安徽、福建、山东、河南、湖北、湖南、广东、广西、四川存在人口城市化率严重不足，说明这些省（区、市）的现实人口城市化率与目标值之间存在一定的差距，积极推进人口城市化进程。

（3）非期望产出的冗余度分析。从非期望产出的冗余度分析，冗余度 = （非期望产出的实际值 - 目标值）/目标值 × 100%，本书对其取了绝对值，如表 6 - 8 所示。非期望产出包括废水、二氧化硫和烟粉尘三种污染物的排放，所有非 DEA 有效的省（区、市）均没有实现污染排放的有效，说明环境问题成为影响我国城市化效率的一个重要方面。就废水排放而言，广西、云南、江西、福建、安徽、河南、贵州、新疆的冗余度均在60%以上，其中，有4个省（区、市）均位于长江经济带的中、上游地区，而中、上游地区的污染成本较高，这不利于流域经济带的绿色发展。宁夏、山西、江苏、陕西、浙江、辽宁、山东、广东的废水排放冗余度在50%以下，可以看出，这些省（区、市）多处于东部地区或者西北地区，可能的原因是东部地区环境规制强度较大，而西北相对来说地区缺水比较严重，耗水型企业一般选择水资源丰富地区。对于二氧化硫排放，贵州、甘肃、新疆、山西冗余度在80%以上，云南、陕西、宁夏、广西冗余度在70%~80%之间，可以看出，这些省（区、市）多处于西部地区。浙江、江苏、广东、福建的冗余度在50%以下，其中，福建的冗余度在26.46%，与冗余度90.67%的贵州差距较大。对于烟粉尘而言，山西、新疆、贵州、黑龙江、河北、云南、甘肃、吉林、陕西、江西冗余度均在80%以上，只有广东冗余度相对较低为20.84%，大部分省（区、市）的冗余度都较高。计算得到，我国各省（区、市）平均工业废水排放量、二氧化硫排放量与工业烟尘排放量的冗余度分别为42.00%、49.17%、53.65%。可以看出，工业烟尘的冗余度最高，其次是二氧化硫排放，说明我国普遍存在空气污染排放管理的低效，或者空气污染物排放的监管不到位，导致大部分省（区、市）空气污染排放的高度冗余，空气污染问题是我国城市化现阶段应重点关注的问题。进一步对资源投入的冗余和环境污染排放的冗余进行横向比较，发现我国城市化过程中，环境污染排放的冗余要明显高于资源投入的冗余，我国现阶段城市化过程中高排放问题最为突出。

表 6 - 8　　2011 年非 DEA 有效省（区、市）非期望产出的冗余度

省（区、市）	工业废水	二氧化硫	烟粉尘	省（区、市）	工业废水	二氧化硫	烟粉尘
河北	51.63%	69.84%	87.33%	湖北	55.28%	61.91%	45.19%
山西	45.04%	84.31%	93.61%	湖南	58.45%	56.24%	60.38%
辽宁	41.24%	68.62%	70.92%	广东	34.42%	32.66%	20.84%
吉林	51.82%	53.42%	85.36%	广西	69.60%	70.10%	62.62%
黑龙江	56.50%	56.82%	88.70%	重庆	57.99%	67.65%	65.50%
江苏	44.33%	33.81%	46.14%	四川	57.61%	63.83%	56.61%
浙江	41.32%	48.05%	51.43%	贵州	61.54%	90.67%	88.83%
安徽	62.51%	58.09%	68.93%	云南	69.45%	77.58%	86.67%
福建	66.74%	26.46%	50.30%	陕西	44.17%	74.49%	83.41%
江西	67.43%	64.45%	82.55%	甘肃	55.10%	85.92%	86.65%
山东	40.85%	56.51%	62.41%	宁夏	47.40%	71.44%	52.82%
河南	61.56%	66.18%	73.09%	新疆	60.08%	85.34%	92.74%

（4）资源投入冗余与环境排放冗余的时间演化分析。从表 6 - 9 中可以看出，相比于资源投入的冗余，非期望产出的冗余度明显偏高，说明我国城市化效率的损失首要因素为环境。在现有的人口城市化、城市经济产出水平下，如果能进一步减少污染物的排放，我国城市化效率将有较大的改善空间。2005 ~ 2011 年，土地资源、劳动力资源、水资源、能源都得到了较好的改善，说明我国城市化过程中城市土地、劳动力、能源、水资源的过度消耗问题得到了一定程度的改善。资本冗余变化较小，说明 2005 ~ 2011 年我国城市化过程中资本的使用效率并没有呈现明显的改善趋势。环境污染的排放也呈现出改善的趋势，从表 6 - 9 中可以看出，2005 ~ 2011 年，我国城市化发展过程中说明无论是资源的消耗还是污染的排放，都得到了改善。

表 6 - 9　　2005 ~ 2011 年我国城市化资源投入和环境排放
冗余度变化趋势

年份	土地资源	资本	劳动力	水资源	能源	废水	二氧化硫	烟尘
2005	41.79%	13.03%	36.07%	33.73%	49.46%	55.75%	82.64%	83.82%
2006	27.00%	9.50%	25.68%	27.70%	45.45%	54.64%	85.68%	85.92%

年份	土地资源	资本	劳动力	水资源	能源	废水	二氧化硫	烟尘
2007	20.11%	8.21%	20.32%	19.81%	40.20%	49.41%	77.33%	78.08%
2008	16.36%	6.56%	13.00%	15.23%	34.70%	46.68%	74.12%	76.50%
2009	13.64%	10.23%	14.57%	15.07%	30.66%	48.68%	70.90%	74.02%
2010	9.33%	10.70%	9.59%	10.76%	24.05%	41.66%	59.23%	64.34%
2011	6.90%	12.05%	11.38%	8.76%	19.92%	40.84%	52.64%	61.22%

6.2.4 城市化效率的动态评价

Malmquist 指数为全要素生产率测度模型，广泛应用于生产率的测算，可以用于处理面板数据，并在距离函数的基础上计算生产效率的动态变化。利用 Malmquist 指数可以对我国近 7 年来城市化效率的动态变化趋势做进一步的分析，还可以将城市化效率动态变化的原因分解为技术进步和技术效率，技术效率还可以进一步分为规模效率与纯技术效率。具体来说，Malmquist 指数有三个经典公式来阐述其基本原理：

$$M_{i,t+1}(x_i^t, y_i^t, x_i^{t+1}, y_i^{t+1}) = \left[\frac{D_i^t(x_i^{t+1}, y_i^{t+1})}{D_i^t(x_i^t, y_i^t)} \times \frac{D_i^{t+1}(x_i^{t+1}, y_i^{t+1})}{D_i^{t+1}(x_i^t, y_i^t)} \right]^{1/2}$$

$$(6-19)$$

x_i^t 表示 t 时期地区 i 的投入向量，x_i^{t+1} 则表示 $t+1$ 时期的投入向量，y_i^t 为 t 时期产出向量，y_i^{t+1} 为 $t+1$ 时期的产出向量。$D_i^t(x_i^t, y_i^t)$ 则为 t 时期以技术 T^t 为参照的距离函数，$D_i^t(x_i^{t+1}, y_i^{t+1})$ 则为 $t+1$ 时期以技术 T^t 为参照的距离函数。

对公式进行变形，分解为技术进步和技术效率变化，表达式为：

$$M_{i,t+1}(x_i^t, y_i^t, x_i^{t+1}, y_i^{t+1}) = \frac{D_i^{t+1}(x_i^{t+1}, y_i^{t+1})}{D_i^t(x_i^t, y_i^t)}$$

$$\left[\frac{D_i^t(x_i^t, y_i^t)}{D_i^{t+1}(x_i^t, y_i^t)} \times \frac{D_i^t(x_i^{t+1}, y_i^{t+1})}{D_i^{t+1}(x_i^{t+1}, y_i^{t+1})}\right]^{1/2} \qquad (6-20)$$

其 中，$\dfrac{D_i^{t+1}(x_i^{t+1}, y_i^{t+1})}{D_i^t(x_i^t, y_i^t)}$ 为 技 术 进 步 （ TCH ），

$\left[\dfrac{D_i^t(x_i^t, y_i^t)}{D_i^{t+1}(x_i^t, y_i^t)} \times \dfrac{D_i^t(x_i^{t+1}, y_i^{t+1})}{D_i^{t+1}(x_i^{t+1}, y_i^{t+1})}\right]^{1/2}$ 为技术效率（ECH）的变化，

引入可变规模报酬，又可以将其进一步分解纯技术效率
（PECH）和规模效率（SECH）的变化，表达式为：

$$M_{v,c}^{t,t+1} = \frac{D_v^{t+1}(x_i^{t+1}, y_i^{t+1})}{D_v^t(x_i^t, y_i^t)} \times \left[\frac{\dfrac{D_v^t(x_i^t, y_i^t)}{D_c^t(x_i^t, y_i^t)}}{\dfrac{D_v^{t+1}(x_i^{t+1}, y_i^{t+1})}{D_c^{t+1}(x_i^{t+1}, y_i^{t+1})}}\right] \times$$

$$\left[\frac{D_c^t(x_i^t, y_i^t)}{D_c^{t+1}(x_i^t, y_i^t)} \times \frac{D_c^t(x_i^{t+1}, y_i^{t+1})}{D_c^{t+1}(x_i^{t+1}, y_i^{t+1})}\right] \qquad (6-21)$$

$\dfrac{D_v^{t+1}(x_i^{t+1}, y_i^{t+1})}{D_v^t(x_i^t, y_i^t)}$ 表示可变规模报酬下的纯技术效率的变化，

$\left[\dfrac{\dfrac{D_v^t(x_i^t, y_i^t)}{D_c^t(x_i^t, y_i^t)}}{\dfrac{D_v^{t+1}(x_i^{t+1}, y_i^{t+1})}{D_c^{t+1}(x_i^{t+1}, y_i^{t+1})}}\right]$ 则表示规模效率的变化。

所以，Malmquist 指数 = 技术进步（TCH）纯技术效率
（PECH）规模效率（SECH）。

若 Malmquist 指数 >1，则说明决策单元在研究时段内城市
化全要素生产率为递增的趋势，若 Malmquist 指数 <1，则说明
决策单元在研究时段内城市化全要素生产率为下降的趋势，技

术进步（TCH）若 >1，则说明决策单元在研究时段内技术的进步，反之，则是技术的恶化。技术效率则反映的是管理水平的变化。纯技术效率可以反映我国城市化进程中管理水平，规模效率反映城市化过程中资源投入总量的增长是否带来产出水平更高比例的增长。

依据上文构建的指标体系，数据时间跨度为 2005 ~ 2011 年，数据的描述性统计如表 6 - 10 所示。

表 6 - 10 　　2005 - 2011 年我国省域城市化投入产出指标
的描述性统计

指标	最大值	最小值	平均值	标准差
土地资源投入	4829.260	74.800	1211.470	917.003
资本投入	26313.462	181.389	5273.422	4470.996
劳动力投入	2601.889	31.531	688.680	486.048
水资源投入	993218.000	6600.380	164175.489	159224.333
能源投入	37131.998	306.599	10979.030	7478.766
工业废水排放量	785586.502	3252.000	186884.939	153244.063
工业二氧化硫排放量	200.200	0.166	76.234	47.000
工业烟尘排放量	181.700	0.200	51.109	36.782
非农业产值	50545.080	203.170	9779.770	9156.727
城市化率	89.300	22.610	48.512	14.804

数据来源：根据历年《中国统计年鉴》计算得到。

从表 6 - 10 中可以看出，无论是资源的投入、城市经济产出还是污染的排放，均表现出较大的差距，其中，污染的排放最大值与最小值的比均在 200 倍以上。在资源的投入方面，最大值与最小值之比在 100 倍以上的包括资本、水资源与能源，在产出方面，非农业产值的最大值与最小值之比在 200 倍以上，说明我国各省域城市化过程中，城市经济规模存在较大差距，所消耗的资源与产生的污染也差距较大，说明在进行城市化效率的测度时，要充分考虑资源环境的刚性约束。

计算得出的 2005 ~ 2011 年我国城市化效率 Malmquist 指数

及分解变动情况如表 6 – 11 所示。

表 6 – 11 2005 ~ 2011 年中国 Malmquist 指数及分解

时间	技术效率	纯技术效率	规模效率	技术进步	Malmquist
2005 ~ 2006	0. 9453	0. 9779	0. 9666	1. 1521	1. 0890
2006 ~ 2007	1. 0429	1. 0251	1. 0173	1. 1383	1. 1871
2007 ~ 2008	1. 0476	1. 0356	1. 0115	1. 0946	1. 1466
2008 ~ 2009	0. 9399	0. 9671	0. 9719	1. 0747	1. 0101
2009 ~ 2010	1. 0287	1. 0015	1. 0272	1. 1151	1. 1471
2010 ~ 2011	1. 1219	1. 0125	1. 1081	1. 1219	1. 0555
均值	1. 0191	1. 0030	1. 0160	1. 1158	1. 1042

6.2.4.1 我国城市化效率的时间变动分析

由表 6 – 11 所示，2005 ~ 2011 年，我国城市化全要素生产率年均增长 10. 42%，说明从平均水平上看，该时期在考虑资源环境约束的情况下，我国城市化全要素生产率总体上呈现增长的特征。自 2005 年以来，我国城市化水平与城市经济以较快的生产率增长，并努力减少人口、经济增长付出的代价，城市人口、经济增长与资源环境的关系更为协调。其中，27 个省（区、市）城市化全要素生产率大于 1，即 87. 10% 的省（区、市）都实现了资源环境约束下城市化全要素生产率的增长。从增长的源泉看，总体而言，2005 ~ 2011 年，技术效率年均增长 1. 91%，其中，规模效率年均上升 1. 61%，其中，实现规模效率上升的省（区、市）有 21 个，纯技术效率则年均增长 0. 3%，技术效率的增长主要来源于规模效率的上升，说明我国城市化效率的资源配置效率的改善并不明显，主要依靠规模效率的改善。技术进步年均增长 11. 58%，可以看出，我国城市化全要素生产率的增长主要是依靠技术进步与规模效率的推动。即生产率的增长主要来自"最佳实践者"推动的生产边界的外扩（增长效应），而"落后者"向"最佳实践者"的"追赶效应"不足，这也说明各省（区、市）之间城市化全要素生产率增长差异在逐步扩大。从时间的变化趋势来看，2008 年与 2011 年是城市化全要素生产率增长两个重要的节点。2008 ~ 2009 年，城市化全要素增长率明显放缓，国际金融危机对城市化生产率的影响较大，约有一半的省（区、市）在 2008 ~ 2009 年城市化生产率出现了明显下降。2009 ~ 2010 年有显著的恢复，2010 ~ 2011 年又出现增长率放缓。从技术效率而言，2005 ~ 2006 年及 2008 ~ 2009 年技术效率分别下降 5.47% 和 6.01%。2005 ~ 2006 年技术效率的下降主要来源于纯技术效率下降 2.21% 与规模效率下降 3.34%，2008 ~ 2009 年技术效率的下降主要来源于纯技术效率下降 3.29% 和规模效率下降 2.81%，说明在 2005 ~ 2006 年及 2008 ~ 2009 年期间，城市化过程中资源的合理配置方面存在不足及反映资源投入总量的增长并没有带来产出的更大比例增长，导致资源的浪费。

6.2.4.2　我国各省（区、市）城市化效率的分析

从表 6 – 12 可以看出，在资源与环境的约束框架下，2005 ~ 2011 年，海南、黑龙江、宁夏、西藏城市化全要素生产率呈现恶化的态势，说明这些省（区、市）虽然城市化水平提高了，但增长不等于发展，城市化全要素生产率却下降了，城市化的质量有待提高。值得注意的是，东北地区的黑龙江省 Malmquist 指数排位倒数第二，黑龙江省是我国重要的老工业基地，对资源的依赖性高，重工业产业对环境的影响较大，城市经济结构不合理，由于思想观念及体制机制的问题，结构调整十分困难，大多数城镇处于低效运转状态，城市化质量不高，

与全国发达地区相比，差距不断扩大。排位最后的是海南省，农业是海南省的基础产业、支柱产业和优势产业，相比于其他省份，海南省第一产业比重较高，2013年，海南省的第一产业比重24.9%，远高于全国其他省份，而且海南省农业仍以传统生产方式为主，导致海南省城市化发展动力不足。海南省在城市化过程中存在大中城市数量少，城市规模普遍较小，集聚效应较小，资源利用效率不高，资源浪费严重的问题。并且，近年来，随着海南国际旅游岛的建设及其独特的气候资源，大量的游客前往海南投资房地产，推动了海南房地产的迅速发展，开发了大量的土地，消耗大量的资源。从技术效率的变动来看，排在前几位的分别是广东、宁夏、山东、内蒙古，2005~2011年，技术效率分别平均提高13.5%、14.8%、17.4%、18.8%，其中，广东、宁夏、山东技术效率的提升主要源于规模效率的大幅提升，这说明2005~2011年，广东省城市化过程中资源投入的增加带来更高比例的产出。而内蒙古技术效率的提升主要源于纯技术效率的大幅提高，说明内蒙古在城市化过程中资源的有效利用上要优于其他省份。技术效率靠后的几个省份分别是河北、黑龙江、海南，2005~2011年，技术效率分别平均下降了14.8%、13.7%、11.4%，这也是造成黑龙江、海南全要素生产率靠后的重要原因。海南技术效率的不足主要源于规模效率的下降，这也验证了前文提到的海南省城市化过程中存在的城市规模普遍较小的问题。黑龙江省技术效率的不足主要源于纯技术效率的下降，这也验证了前文提到了黑龙江省老工业基地，由于体制机制的问题造成的资源配置效率较低的问题。而河北省技术效率的下降源于纯技术效率与规模效率的同时下降。从技术进步的变动来看，技术进步排位靠前的份分别是山东省与江苏省，技术进步靠后的分别是宁夏和海南。

表 6 – 12 　　　　2005 ~ 2011 年 31 个省（区、市）城市化效率
Malmquist 指数及分解

省（区、市）	技术效率	纯技术效率	规模效率	技术进步	Malmquist
安徽省	1.004	1.015	0.989	1.001	1.034
北京市	1.016	1.000	1.016	1.067	1.067
重庆市	1.028	1.019	1.009	1.079	1.099
福建省	0.977	0.930	1.050	1.318	1.205
甘肃省	1.003	1.004	0.999	1.046	1.048
广东省	1.135	1.000	1.135	1.243	1.099
广西	1.016	1.016	1.000	1.016	1.037
贵州省	1.045	1.029	1.015	1.055	1.080
海南省	0.886	1.000	0.886	0.872	0.872
河北省	0.852	0.921	0.926	1.477	1.268
黑龙江省	0.863	0.858	1.006	1.026	0.880
河南省	1.000	1.030	0.971	1.322	1.345
湖北省	1.006	1.021	0.985	0.987	1.013
湖南省	1.029	1.044	0.986	1.018	1.055
江苏省	1.056	1.000	1.056	1.537	1.478
江西省	1.045	1.026	1.018	1.058	1.094
吉林省	1.026	1.023	1.003	1.066	1.090
辽宁省	1.008	1.027	0.981	1.002	1.029
内蒙古	1.188	1.129	1.052	1.274	1.447
宁夏	1.148	1.000	1.148	0.855	0.914
青海省	0.998	1.000	0.998	1.003	1.003
山西省	1.022	1.003	1.019	1.124	1.134
山东省	1.174	1.000	1.174	1.603	1.350
上海市	1.003	1.000	1.003	1.072	1.072
陕西省	1.090	1.023	1.065	1.411	1.447
四川省	1.021	1.039	0.983	1.017	1.072
天津市	1.002	1.000	1.002	1.013	1.013
新疆	0.994	0.983	1.012	1.049	1.028
西藏	0.988	1.000	0.988	0.989	0.989
云南省	0.999	0.982	1.017	1.171	1.152
浙江省	1.050	1.000	1.050	1.242	1.130

　　根据各区域 Malmquist 值的大小差异，本书将 31 个省（区、市）的效率变动分为强有效增长型（Malmquist > 1.3）、高有效增长型（1.1 < Malmquist < 1.3）、低有效增长型（1 < Malmquist < 1.1）、无效增长型（Malmquist < 1）4 种类型。如表 6 - 13 所示：其中，内蒙古、山东等 6 个省（区、市）为强有效增长型，这些省（区、市）2005 ~ 2011 年的城市化生产率提升在 30% 以上，城市化生产率提升幅度很大。可以看出，这些省（区、市）都位于长江以北，这些省（区、市）的共同特点就是技术进步值较大，说明技术进步成为推动城市化效率提升的重要因素，通过技术进步推动经济发展模式转型升级，从而推动城市化质量与效率的提升。可以看出，河南、山东、陕西的水平虽然城市化效率不高，但处于城市化全要素生产率快速增长的趋势。高有效增长型有河北、福建等 5 个省（区、市），这些省（区、市）在 2005 ~ 2011 年城市化效率在提升幅度在 10% ~ 30% 之间，提升幅度较大，通过对 Malmquist 指数的分解可知，技术进步的衰退是造成城市化效率下降的重要原因。值得关注的是，上海属于这一类型，并且导致城市化效率下降的原因也是技术进步的衰退，笔者认为，由于上海市城市化推进过程中城市化全要素生产率基数较高，增长则较缓。黑龙江等 11 个省（区、市）为高无效增长型，近 7 年来城市效率下降幅度超过 5% 但小于10%，从 Malmquist 指数的分解可知，技术效率和技术进步的衰退都不同程度的造成城市化效率的下降。我国西藏为无效增长型，Malmquist 指数为 0.854，7 年间下降幅度达到 15%，从 Malmquist 指数的分解可知，技术的衰退是导致西藏城市化效率下降的主要原因。

表6－13　　　中国31个省（区、市）城市化效率增长类型

增长类型	强有效增长型	高有效增长型	低有效增长型	无效增长型
决策单元	内蒙古、山东、河南、陕西、江苏	河北、福建、云南、山西、浙江	重庆、广东、江西、吉林、贵州、四川、上海、北京、湖南、甘肃、广西、安徽、辽宁、新疆、天津、湖北、青海	西藏、宁夏、黑龙江、海南

6.2.4.3　分地区城市化效率分异

从表6－14可以看出，2005～2011年，东部、中部、西部的城市化全要素生产率都有所提升，其中，以东部最为明显，其次是中部地区，再次是西部地区。而东北地区的城市化全要素生产率为下降。从具体数据来看，东部地区全要素生产率年均增长14.4%，主要源于技术进步的贡献，东部地区技术进步平均指数为22.3%，而技术效率对城市化全要素生产率增长的贡献较小，为1.1%，其中，纯技术效率下降1.5%。中部地区的全要素生产率年均增长10.7%，技术进步的贡献相对较大，平均指数为7.9%，技术效率提升的平均指数为1.8%，中部地区规模效率平均下降0.5%。西部地区的城市化全要素生产率年平均增长9.9%，其中，技术进步平均指数为7.2%，技术效率平均指数为4.1%。东北地区的城市化全要素生产率年平均下降0.4%，只有技术进步出现了增长，无论是纯技术效率还是规模效率都出现了一定的下降，其中，纯技术效率年均下降3.4%，规模效率下降0.3%。东北地区城市化全要素生产率的下降主要源于纯技术效率的下降，东北地区的城市化质量与效率问题值得关注。从全要素生产率增长可以看出，2005～2011年，我国东部、中部、西部、东北地区之间城市化发展效率存在显著差距，说明我国不但城市化发展水平存在不平衡的现象，我国应更关注城市化发展质量的不平衡现象。从技术进步这一数据来看，我国东部、中部、西部及东北地区，技术进步均对城市化全要素生产率的增长起到主要推动作用，说明随着我国经济的发展，我国在城市化过程中技术的引进与创新的硬件改善取得了较明显的进步，主要的问题还在于城市化发展政策与城市化管理等软环境改善的滞后问题。

表6-14　　东部、西部、中部、东北地区城市化效率
Malmquist 指数及分解

区域	技术效率	纯技术效率	规模效率	技术进步	Malmquist
东部地区	1.011	0.985	1.027	1.223	1.144
中部地区	1.018	1.023	0.995	1.079	1.107
西部地区	1.041	1.018	1.023	1.072	1.099
东北地区	0.963	0.966	0.997	1.031	0.996

6.3　中国城市化效率影响因素分析

总体而言，我国城市化效率低下。哪些因素影响我国的城市化效率，本书尝试用定性的方法论述我国城市化效率低下的原因，并进一步用定量的方法对我国城市化效率的影响因素进行探索。

6.3.1　城市化效率低下的制度与体制因素

（1）我国存在的制度缺陷。我国城市化效率的低下首先与我国的制度安排存在密切关系。在城市化的过程中，我国出现了普遍的"造城运动"，从省级、副省级、地市级直至县级城

市，新城、园区、大楼如雨后春笋般出现，城市土地扩张快于人口的城市化速度，城市蔓延，土地利用效率低下，极大地浪费了土地资源。主要的原因是我国存在土地的产权制度缺陷，限制了土地的高效配置。1982 年，《中华人民共和国宪法》规定，城市土地属于国家所有，任何组织或者个人都不得侵占、买卖、出租或者以其他形式非法转让国有土地，城市土地的国有制在法律上得以确定。为适应市场的发展需要，1998 年修订后的《中华人民共和国土地管理法》规定，建设单位使用国家土地，应当以出让等方式补偿。因此，在推动城市化的过程中，政府可以以较低的价格征用土地，以较高的价格转让给企业、开发商，政府严重地依赖"土地财政"，一些地方的财政收入的 1/3 来自租地、卖地的收入，土地出让金成为地方政府预算外收入的主要来源。有一些专家认为，我国采取的是牺牲农村发展城市的工业化战略，新中国成立以来，中国城市的发展前 30 年靠农产品的价格剪刀差，后 30 年靠土地剪刀差，城乡的差距越来越大。由于地方政府获得巨额的"剪刀差"，政府既是土地市场的"运动员"，又是"裁判员"，地方政府在利益的驱动下，不利于耕地的保护及社会的公平公正，不利于城市土地的紧凑集约高效利用。

其次是我国的城乡二元结构体制。我国城乡之间的户籍壁垒阻碍了农村就业人员市民化，不利于城市化率的提高。很多农民在城市上班、居住，但是享受不了城市居民的待遇，他们的家仍然在农村。一方面，两处居住造成了对土地的浪费，另一方面，农民待遇不高，而且我国农村人口比重大，进一步拉大了城乡差距，社会保障发展滞后等因素使得消费需求难以提高，不利于我国内需的扩大，影响城市的经济效益的提高。此外，对交通也产生了较大的压力，由于农村居民难以支付城市的高额房价，导致我国的城市普遍存在常住人口失衡，产生了大量的流动人口，如春运期间世界上规模最大的人口迁移。户籍制度改革障碍主要来自隐藏在户籍背后的社会福利问题，如养老、失业、教育、医疗卫生等社会保障，改革意味着较高的社会成本。因此，城乡二元结构体制在很长一段时间仍是我国城市化效率低下的原因。

（2）规划的调控效力不够及存在规划理念的误区。虽然我国大部分城镇都编制城市或者城镇的总体规划，但规划的质量良莠不齐，一些城市或城镇的规划缺乏编制的科学性和实施的可操作性，不利于资源的合理利用及不利于城市的管治。城市或城镇规划虽然对城市的用地布局具有一定的引导与指导作用，但规划的执行刚性不够，一些城市违规建设和随意修改规划的现象还存在。存在很多的城市建设游离于城市规划之外，一些地方还存在各类开发区规划游离于城市规划之外，导致城市跨越式的蔓延，城市出现摊大饼式的扩展和引发造城运动，很多地方存在重复建设，一方面加剧了竞争，另一方面造成资源的浪费。总体而言，我国的城市或城镇规划普遍存在规划的调控效力不够，规划控制的地带都被城市建设蚕食，这些都导致了我国城市化效率的低下。另外，我国的城市规划更注重于"土地的城市化"，忽视产业与人口对城市发展的支撑作用，而我国的产业园区规划，往往只重视产业园区的生产功能，忽视与城市功能的互动，致使我国形成了一批"睡城""空城"及"工业孤岛"，产业发展与城市发展相互脱节，不利于产业的可持续发展及城市的提升，"睡城""空城"及"工业孤岛"的形成，一方面会增加交通的压力，增加环境污染，另一方面，不利于土地的集约利用。因此，存在的规划理念的误区也是导致我国城市化效率低下的原因。

（3）政府职能错位。在我国，政府是城市化战略及相关政策、制度的制定者，政府还通过大规模的投资调控城市化的发展，中国的城市化不是以市场为基础推进，而是按照"自上而下"的行政干预推进，政府的主导因素大于市场因素，政府在我国的城市化进程中占据重要的地位。政府干预过度，政府"越位"与"缺位"的现象广泛存在。根据经济学理论，在经济的运行过程中，市场机制根据市场的需求与供给的变动引起价格变动从而实现对资源的配置，而政府的职能是提供公共物品并且保证市场的有效运行。我国的"政府主导"型城市化忽略了市场规律，容易造成很多官员按自己的意愿采用行政权力来推动城市的运行，并且容易滋生权力的寻租，忽视现实的需要，城市资源难以实现高效配置，推高了城市化的成本，不利于城市化效率的提高。

（4）普遍存在的规模偏好。从20世纪80年代起，我国对地方政府干部的绩效考核就是以经济发展和速度为核心，于是就出现了地方政府的目标是城市化的速度以及城市的经济收益。一方面，为促进增长，创造就业机会，以低价供给土地、减免税收等优惠政策来吸引资本进入，从而刺激了对土地的需求；另一方面，政府通过扩大城市规模，低门槛地引进产业，吸引农村人口入城就业，而各种与居民生活配套的公共服务设施却难以满足需求。地方政府主导的城市化并不是基于利润最大化的生产要素使用原则，往往存在存量的利用不充分与增量持续增加的摊大饼式的发展模式，用高投入、高排放、高污染换取城市规模的扩大和城市经济的增长，忽视城市化的质量和效率。

一些城市在政府的推动下，忽视城市人口吸引力，大跃进地制造了大量空城，留下巨额债务，给中国经济社会带来巨大的隐患。此外，我国的城市具有不同的行政级别，分为省级城市（直辖市、特别行政区）、副省级城市、地级市和县级市等，不同的城市行政级别资源的支配权力不同。一般而言，城市规模越大，行政级别越高，这就使得各级政府都有使城市"变大变强"的诉求。因此，这种不根据实际发展情况，普遍存在的对规模的偏好导致了我国城市普遍存在摊大饼式发展，且有一些城市片面地追求建筑水平、城市规模，而缺乏产业的支撑，造成了资源的极大浪费，影响了我国城市化效率的提高。

6.3.2 城市化效率影响因素的定量分析

本文首先构建出影响中国城市化效率的指标体系，根据前文计算得出的 2005～2011 年的城市化效率值，进行城市化效率影响因素的面板数据分析。在推动城市化过程中，城市化效率不仅仅受投入产出指标的影响，还受其他的外围环境因素的影响。本书主要考察城市集聚规模、产业结构、政府作用、对外开放程度、基础设施这些因素对城市效率的影响。

（1）集聚规模。一般来说，人口集聚推动城市化的发展，而且人口越集聚，推动土地价格的提高，也就可以促进土地资源的集约利用；人口密度越大，说明城市发展紧凑度越高，也就可以提高土地的利用效率。张明斗在进行城市化效率机理分析时也考虑了这一因素，因此，本书采用城市人口密度来代表城市集聚的规模。

（2）产业结构。产业结构决定城市的增长方式，从城市环境污染的角度来说，第一产业与第三产业对环境污染要小于第二产业，因为第二产业发展过程中比第一产业和第三产业消耗更多的能源，而且还会产生相当比例的固体废弃物、工业废水和废气等污染物，而代表服务业的第三产业可以吸纳更多的劳动力。统计数据显示：1952～2011年，第一产业就业比重从83.54%下降为34.80%，第三产业就业比重则由9.07%上升为35.7%。2011年，第三产业的就业人数比重达到35.7%，首次超过第一产业就业比重。在吸引农村劳动力上很有优势，第三产业已经成为吸引农村劳动力的主要领域。第三产业的发展有利于推动城市化，潘竟虎提出，第三产业为城市化效率提高的重要力量。因此，本书选择第三产业占 GDP 的比重来代表产业结构。

（3）政府作用。在我国，政府是城市化战略与相关政策的制定者，政府通过货币政策和财政政策来调控城市的资源配置、经济增长等，影响着城市的基础设施与服务设施的建设与维护，而且亨德森提出，政府还对一些城市具有"偏好政策"并影响城市经济增长，因而，政府的政策也会对城市化效率产生影响，戴永安在对城市化效率影响因素进行分析时也考虑了政府作用这一因素。因此，本书采用财政支出占 GDP 的比重来代表政府的作用。

（4）对外开放程度。城市的对外开放，通过对外的交流与合作，一方面，可以寻找更为广阔的市场，另一方面，吸引外资、引进国外技术及管理经验，从而促进城市产业的发展、就业增加和经济的增长。由于未收集到城市出口数据，因此，本书选择实际利用外资额来表示城市的开放程度。

（5）基础设施。一方面，城市基础设施的不同水平代表着城市获取的生产要素的差异，另一方面，基础设施的完善程度也会对城市的运行效率产生影响。本书采用人均道路铺装面积来代表基础设施水平。

通过 Hausman 检验，Hausman 的统计量是 101.3487，相应的概率值为 0.0000，说明拒绝原假设，选择了固定效应模型。固定效应模型的拟合度达到了 65.22%，F 统计值为 17.57836，Prob（F-statistic）为 0.0000，DW 的值为 1.659769。表明固定效应模型的解释变量可以解释模型中被解释变量的 65% 以上，得出的计量结果如表 6 – 15 所示。

表 6 – 15　　　　城市化效率影响因素的参数估计

变量	Coefficient	Std. Error	t – Statistic	Prob.
C	0.494325	0.034259	14.42891	0.0000
实际利用外资	8.05E – 09	1.06E – 07	0.075894	0.9395
财政支出占 GDP 比重	− 5.99E – 09	4.82E – 09	− 1.241986	0.2144
人均道路铺装面积	− 0.004001	0.001046	− 3.825807	0.0001
第三产业占 GDP 比重	0.000331	0.000804	0.411732	0.6806
人口密度	2.07E – 05	6.03E – 06	3.425815	0.0006

从统计结果可以看出，人口的密度对城市化效率有着正向的影响，而产业结构与对外开放虽然显示出正向的影响，但是统计结果并不显著。主要由于我国第三产业和外资投资虽然吸纳大量农村劳动力，但是这些劳动力并没有完全转换为城市居民。另外在模型中，基础设施对城市效率为负向影响，这与预期是不符的。导致这一结果的原因是数据的代表性问题，受数据可得性的限制，本书选择的是人均道路铺装面积来代表基础设施的建设，一些人口密度大的城市，人均的道路铺装面积就相对较少，因此，导致这一指标的解释力不强。政府的调控对城市化效率为负向的影响，但是其统计结果不显著。戴永安也

得出了相似的结果，提出提高财政支出占 GDP 的比例会显著地降低经济城市化效率，对社会城市化及人口城市化都是负向的影响。

　　本章小结：本章首先对我国的城市化效率进行了测度，构建了资源环境约束下的城市化效率的测度指标体系，并从静态与动态角度对城市化效率的特征进行了分析。从静态角度来看，我国各地区城市化的平均综合效率较低，只达到最优效率的51.10%。通过对非 DEA 有效的省（区、市）的投入产出冗余与不足分析，得出我国城市化发展过程中存在不同程度的粗放资源投入模式，以土地、能源的粗放投入最为显著，而且环境成为影响我国城市化效率提升的一个重要因素。从动态角度而言，2005 ~ 2011 年，我国城市化全要素生产率年均增长10.42%，增长主要来源于技术进步与规模效率的改善，其中，大部分省（区、市）的城市化全要素生产率都处于低有效增长型。进一步对影响我国城市化效率的因素进行了分析。从制度与体制因素而言，我国存在制度缺陷，规划的调控效力不够及存在规划理念的误区，政府职能错位，普遍存在对规模的偏好这些因素导致我国城市化效率低下。同时，采用定量分析的方法考察城市集聚规模、产业结构、政府作用、对外开放程度、基础设施这些因素对城市效率的影响。

第 7 章

中国城市绿色发展评价

城市是城市化推动的主体，城市的发展过程就是城市化的过程，城市化依赖于城市的发展。进一步对我国的城市绿色发展效率进行分析，有助于对资源环境约束下区域城市化效率差异的理解。本书将考虑了资源环境约束的城市效率的测度称为城市绿色发展效率，对中国 282 个地级及以上城市进行城市绿色发展效率的测度，并对中国城市绿色发展效率特征进行了分析。

7.1 指标体系的构建

学者根据不同的角度确定了不同的投入产出指标，如表 7-1 所示，从指标的选择可以看出，都假设只有单一的期望产出，而忽视了生产过程中的非期望产出，忽视了城市环境污染。投入产出变量的选择对于效率很重要，本书在参照现有评价指标体系的构建的基础上，进一步考虑了城市的环境污染问题，把城市环境污染纳入效率的评价。本书以城市为决策单元，投入指标考虑自然资源要素、资本要素、劳动力要素和技术。对于资本投入变量的选择，很多学者采用的是永续资本存量盘存法计算资本存量，但是测算中的基年资本存量 K、对折旧的处理方法这些关键的变量存在较大差异，而且由于没有各个城市的固定资产价格指数的统计，很多学者都采用城市所在省份固定资产价格指数来替代，这影响了结果的精确性，这种勉强估算方法会使数据出现较大的偏差，而且在过去 20 多年中，全社会的固定资产投资和固定资本形成数据与增长趋势基本相同。本书采用的数据包络法是测算相对效率，只要保证样本数据的相对一致性，结果就不会有太大的偏差，所以本书直接选用固定资产投资总额。自然要素投入选择土地投入指标，目前的文献主要有采用市区土地面积和建成区面积两种指标，由于市区土地面积包括下辖的农村地区，而且不能反映年际变化差异，建成区面积反映城市的建成区面积大小，与城市发展相关，所以本书选择建成区面积。劳动力投入变量的选择为单位从业人员数。技术投入变量包括教育事业费支出和科学事业费支出之和。产出指标包括期望产出和非期望产出，期望产出选择国内生产总值、地方财政预算内收入、社会消费品零售总额，期望产出反映的是经济效益与社会效益，非期望主要是污染物排放，包括工业废水排放、工业二氧化硫排放和工业烟尘排放，非期望产出反映的是环境效益。确定的城市发展效率投入指标如表 7－2 所示。

表 7－1   **投入产出指标选取汇总**

作者	论文题目	指标
李郇等	20 世纪 90 年代中国城市效率的时空变化	投入指标：资本存量、市区人口、6 岁以上人口的平均受教育年限、市区土地面积 产出指标：国内生产总值

作者	论文题目	指标
杨开忠等	中国城市投入产出有效性的数据包络分析	投入指标：城市建成区面积、固定资产投资、全部从业人员 产出指标：GDP、财政预算内收入
张晓瑞、宗跃光	城市开发的资源利用效率测度与评价——基于30个省会城市的实证研究	投入指标：建成区面积、城市在岗职工总数、固定资产投资总额 产出指标：城市GDP、社会消费品零售总额、城市绿地面积
陶小马等	考虑自然资源要素投入的城市效率评价研究——以长三角地区为例	投入指标：固定资产投资额、单位从业人员数与私营个体从业人员数之和、城镇生活消费用电量、煤气供气家庭用量、液化石油气家庭用量、建成区面积 产出指标：国内生产总值
钱鹏升等	淮海经济区城市效率时空格局分析	投入指标：每万元GDP耗电量、人均固定资产投资额、非农业人口 产出指标：人均GDP、职工平均工资、人均社会消费零售额
潘竟虎、尹君	中国地级及以上城市发展效率差异的DEA－ESDA测度	投入指标：城市建成区面积、市区固定资产投资额、市区从业人员总数、科技研发和教育投入费用、信息化建设投入费用 产出指标：市区GDP、市区地方财政预算内收入、市区公园绿地面积、人均社会消费品零售总额
刘秉镰、李清彬	中国城市全要素生产率的动态实证分析：1990－2006基于DEA模型的Malmquist指数方法	投入指标：固定资产投资额、单位从业人员数与私营个体从业人员数之和 产出指标：地区生产总值、财政收入
邵军、徐康宁	我国城市的生产率增长、效率改进与技术进步	投入指标：资本存量、从业人数 产出指标：国内生产总值
席强敏	城市效率与城市规模关系的实证分析——基于2003－2009年我国城市面板数据	投入指标：资本存量、城市建成区面积、从业人员数 产出指标：国内生产总值

作者	论文题目	指标
孙威、董冠鹏	基于 DEA 模型的中国资源型城市效率及其变化	投入指标：固定资产投资代表资本投入、全部从业人员、城市建成区面积 产出指标：国内生产总值
袁晓玲	基于超效率 DEA 的城市效率演变特征	投入指标：在岗职工人、数地方财政预算支出、全社会固定资产投资总额、实际利用外资总额 产出指标：城市人均 GDP、地方财政预算收入、工资总额、社会消费品零售总额
熊磊	云南地级市以上城市发展效率研究：2001～2006	投入指标：固定资产投资额、市辖区人口数、财政一般预算内支出、社会消费零售商品总额 产出指标：国内生产总值、财政一般预算内收入和职工平均工资
俞立平	中国城市经济效率测度研究	投入指标：固定资产投资总额、在岗职工人 产出指标：国内生产总值、财政一般预算内收入和职工平均工资
郭腾云等	基于 DEA 的中国特大城市资源效率及其变化	投入指标：固定资产投资总额和流动资金之和、全部从业人数、城市建成区面积 产出指标：国内生产总值
余景亮、刘存丽	基于 DEA 方法的城市经济发展效率评价	投入指标：固定资产投资总额、实际外商直接投资、合同外商直接投资、财政支出、全社会从业人员、各行业专业技术人员 产出指标：地区生产总值、第三产业增加值、财政总收入

资料来源：中国知网相关文献。

表 7－2　　　中国城市效率指标体系

指标属性	一级指标	二级指标
投入变量	自然资源要素	建成区面积
	劳动力要素	单位从业人员
	资本要素	固定资产投资额
	技术	教育事业费支出和科学事业费支出
产出变量	物质财富和收益（期望产出）	国内生产总值、地方财政预算内收入和社会消费品零售总额
	城市环境污染（非期望产出）	工业废水排放、工业二氧化硫排放和工业烟尘排放

7.2　不包含非期望产出的我国城市效率时空演化分析

我国的地级市城市的发展存在着很大的差异，本书对投入产出变量的数据做了简单的描述性统计分析。

从表7－3中可以看出：①就投入变量而言，城市间的劳动力、资本、土地、技术投入差距明显，而且年际间的离散程度都有较大的增长。②就产出而言，期望产出的产出差距也很明显，而且年际间的离散程度也有了较大的增长，而非期望产出中，除了工业烟尘的离散程度有较大提高外，工业废水排放和工业二氧化硫排放都为离散程度变化较小。

表7－3　　　　中国城市投入产出变量的描述性统计
（2003 年与 2011 年对照）

投入产出变量	最大值		最小值		平均值		标准差	
	2003 年	2011 年	2003 年	2011 年	2003 年	2011 年	2003 年	2011 年
劳动	476.73	668.97	0.86	1.39	22.24252	30.52202	41.79168	61.54481
资本	24389726	65046370	26382	320098	1162380	5445048	2435404	8825632
土地	1180	3371	5	13	77.21631	130.7979	106.6082	248.5756
技术	1427163	7519702	870	8181	37811.20	252037.1	114662.1	676476.1
工业废水	81973	86804	157	78	7107.009	7902.119	9963.159	9422.384
工业二氧化硫	599664	531340	279	67.5	53936.14	65844.55	60693.46	63841.82
工业烟尘	250308	3257261	51	239	27023.6	52048.89	30212.06	210019.9
GDP	61807382	1.9E+08	122237	393381	2690136	10334915	5643217	20946410
全社会消费品零售总额	19059047	67321359	43176	50668	994331.3	4015455	2133909	8065124
财政预算内收入	8986227	33949894	2687	14967	204678.3	1065991	700610.8	3090748

数据来源：根据历年《中国城市统计年鉴》计算得到。

通过对我国 282 个地级及以上城市不考虑非期望产出的综合效率进行计算，表现出以下特征。

（1）城市间效率差异有缩小趋势。通过计算得出，2003 年和 2011 年，中国城市平均效率分别为 0.5086765 和 0.5025816。本书进一步揭示不考虑非期望产出的城市效率的空间演化特征。因为 DEA 模型计算的是相对效率，所以为便于比较，可以按 2003 年和 2011 年平均效率的 1 倍、1.5 倍及有效率城市将测算的 282 个城市分成低效率型城市、中等效率型城市、较高效率型城市及有效型城市 4 等级城市。从表 7-4 中可以看出，有效城市较为分散地分布在东部和中部，高于平均效率以上的城市主要分布在东部沿海和中部地区，低效率水平的城市主要分布在东北、华中、西北、西南地区，2011 年这一趋势更加明显。与 2003 年相比，2011 年，平均效率以下的城市减少了 1 个，为 161 个。有效城市减少 5 个为 23 个，下降了 5 个，达到有效的城市并不多，中国的城市效率还普遍不高。同时，也说明我国中等效率的城市逐步增多，反映了城市间城市效率差异有缩小的趋势。

表 7-4　　　　中国城市效率分省域等级统计表　　　　单位：个

省（区、市）	低效率型城市 2003 年	低效率型城市 2011 年	中等效率型城市 2003 年	中等效率型城市 2011 年	较高效率型城市 2003 年	较高效率型城市 2011 年	有效型城市 2003 年	有效型城市 2011 年
安徽省	9	11	6	5	0	0	1	0
北京市	0	0	1	1	0	0	0	0
重庆市	1	0	0	1	0	0	0	0
福建省	1	4	6	4	2	0	0	1
甘肃省	9	9	1	1	0	0	0	1
广东省	5	4	10	8	0	1	6	8
广西壮族自治区	7	10	3	3	1	0	2	0
贵州省	3	4	1	0	0	0	0	0
河北省	5	8	6	3	0	0	0	0
黑龙江省	8	9	2	1	0	0	2	2

续表

省 （区、市）	低效率型城市		中等效率型城市		较高效率型城市		有效型城市	
	2003 年	2011 年	2003 年	2011 年	2003 年	2011 年	2003 年	2011 年
河南省	13	14	3	3	1	0	0	0
海南省	2	2	0	0	0	0	0	0
湖北省	8	6	3	5	0	0	1	1
湖南省	6	5	5	4	0	2	2	2
江苏省	4	2	6	6	0	4	3	1
江西省	9	8	1	3	1	0	0	0
吉林省	7	5	0	3	1	0	0	0
辽宁省	7	5	5	7	0	1	2	1
内蒙古自治区	6	6	2	0	0	0	1	3
宁夏回族自治区	4	3	0	1	0	0	0	0
青海省	1	1	0	0	0	0	0	0
山西省	10	8	1	3	0	0	0	0
上海市	0	0	0	0	0	0	1	1
山东省	7	6	8	9	1	2	1	0
陕西省	8	9	2	1	0	0	0	0
四川省	14	13	4	4	0	1	0	0
天津市	0	0	1	1	0	0	0	0
新疆维吾尔 自治区	1	1	0	0	0	0	1	1
云南省	6	6	0	1	1	0	1	1
浙江省	1	2	6	6	1	3	3	0
总计	162	161	83	84	9	14	28	23

数据来源：根据前文效率测算结果自行统计获得。

（2）具有空间集聚特性，但关联效应并不强。利用 arc-gis10 对 Moran 值进行计算，2003 年和 2011 年，Moran 值分别为 0.22077 和 0.225569，且均通过了 5% 水平下的显著性检验，正的 Moran 指数值说明城市效率在空间分布上具有空间集聚的特征，即效率高的城市彼此临近，效率低的城市也相互靠近。通过 Moran 值可以看出，空间集聚度有微弱的上升。为进一步分析我国城市效率的空间关联分布状态，运用热点分析和 LISA 做进一步的分析。

通过计算 Getis 指数并用自然断裂法将 Getis 指数分成热点区、次热点区、中间区、次冷点区和冷点区 5 类，热点区表示的是城市效率高的城市集聚区，冷点区表示城市效率低的城市集聚区。通过热点分析发现，2003 年，热点主要分布在长三角、珠三角和环渤海湾地区；2011 年，热点范围在三个地区进一步扩大，联成东部沿海一线。2003 年，冷点主要分布于陕—甘—宁—晋—豫—川—渝片区；2011 年，冷点城市在陕—甘—宁—晋—豫—川—渝片区进一步扩张。因此，陕—甘—宁—晋—豫—川—渝构成了连片低效发展冷点区。总体上，热点—次热点—中间区—次冷点—冷点有自沿海向内陆推进的空间分布格局。

LISA 分析是将空间集聚显著性区域划分为高高（HH）、高低（HL）、低高（LH）、低低（LL）四种类型，HH 表示高效率区域被其他高效率区域包围、LH 表示低效率区域被其他高效率区域包围、LL 表示低效率区域被其他低效率区域包围、HL 表示高效率区域被其他低效率区域包围的四种空间模式，HL 和 LH 都为负关联特征。无论是 2003 年还是 2011 年，空间关联主要以 HH 和 LL 两种空间关联为主，2003 年，HH 类型的城市有 24 个，LL 类型城市有 14 个，HL 类型城市 5 个，LH 类型城市 5 个。2011 年，HH 类型城市 26 个，LL 类型城市 24 个，HL 类型城市 8 个，LH 类型城市 6 个。2003 年，HH 类型城市长三角有 14 个，珠三角 9 个，辽宁 1 个，LL 类型城市集中分布在甘肃、宁夏、陕西、山西、河南、四川省际交界的地区。2011 年，HH 类型城市长三角有 13 个，珠三角 10 个，福建 1 个，辽宁 1 个，内蒙古 1 个。LL 类型城市有一定程度的分散，主要分布在甘肃、宁夏、陕西、河南、四川、云南、广西、黑龙江 8

个省份。同时，很多城市空间关联性并不显著，2003 年，不显著的城市有 234 个，2011 年为 219 个，说明我国的城市效率具有空间集聚特性，且有逐步增强的趋势，但是空间的关联性不是很强。总的来说，东部城市效率高于西部城市，这也与前文城市化绩效分析的结果是相吻合的。

7.3　考虑非期望产出的城市效率特征分析

7.3.1　综合效率特征分析

其一，与不考虑非期望产出城市效率相比，城市间的效率差距扩大。

通过对 2003 年和 2011 年我国 282 个考虑非期望产出的城市效率进行计算，结果显示，2003 年和 2011 年，我国地级及以上城市的城市综合效率的平均值分别为 0.4947922 和 0.4611531，最低的城市效率分别只有 0.08265 和 0.1411683，一方面说明我国的城市间效率差异明显，另一方面，城市效率的离散程度进一步缩小，说明效率间的差异有缩小的趋势。达到有效的城市分别为 48 个和 33 个，低于平均效率的城市分别为 187 个和 182 个，这表明虽然我国的城市化水平有了很大的提高，但是我国大部分城市的城市效率水平低下。相比于不考虑非期望产出的城市效率，考虑非期望产出加剧了城市间效率差距。

为进一步分析空间分布特征，按平均效率的 1 倍、1.5 倍及有效率城市将城市类型分为低效率型城市、中等效率型城市、较高效率型城市和有效型城市（见表 7 - 5）。从有效城市的分布来看，2003 年，考虑了环境污染非期望产出的有效城市主要分布在东部沿海地区和中部，且东部沿海较为集中，相比于不考虑非期望产出，东部有更多的有效率城市，说明相比于西部地区，东部地区因为生产技术、环境管理等因素，使污染的排放更有效率。2011 年，有效城市数量减少，而且分布较为分散，说明总体而言，我国的城市效率低下的状况没有得到改善。从表 7 - 6 可以看出，我国城市效率大体上呈现东高西低的空间分布格局。具体而言，华南、华东地区是我国城市效率较高的板块，其次是东北，且东北区域 2011 年城市平均效率得到提升，由 2003 年低于全国平均城市水平到 2011 年高于全国平均水平。华北也有所提升，由 2003 年低于全国效率平均水平到 2011 年达到全国效率平均水平。华中地区也处于中游位置，西北、西南地区为我国城市绿色效率的低洼地区。

表 7 - 5 　　　　中国城市绿色效率分省域等级统计表 　　　单位：个

省 （区、市）	绿色有效 型城市		绿色低效率 型城市		绿色中等效率 型城市		绿色较高效 率型城市	
	2003 年	2011 年	2003 年	2011 年	2003 年	2011 年	2003 年	2011 年
安徽省	11	12	3	3	0	0	2	1
北京市	0	0	0	0	0	0	1	1
重庆市	1	1	0	0	0	0	0	0
福建省	2	4	2	4	1	0	4	1
甘肃省	9	9	1	0	0	0	1	2
广东省	5	5	5	8	0	0	11	8
广西壮族自治区	7	10	3	3	0	0	3	0
贵州省	3	4	1	0	0	0	0	0
河北省	11	10	0	1	0	0	0	0
黑龙江省	9	8	1	2	0	0	2	2
河南省	14	15	2	2	0	0	1	0

续表

省 （区、市）	绿色有效 型城市		绿色低效率 型城市		绿色中等效率 型城市		绿色较高效 率型城市	
	2003 年	2011 年	2003 年	2011 年	2003 年	2011 年	2003 年	2011 年
海南省	1	0	0	0	0	0	1	2
湖北省	9	9	1	2	0	0	2	1
湖南省	6	7	5	3	0	0	2	3
江苏省	6	4	4	3	0	4	3	2
江西省	10	9	0	2	1	0	0	0
吉林省	6	6	1	2	0	0	1	0
辽宁省	8	4	3	8	0	0	3	2
内蒙古自治区	7	6	1	0	0	0	1	3
宁夏回族自治区	4	4	0	0	0	0	0	0
青海省	1	1	0	0	0	0	0	0
山西省	11	8	0	3	0	0	0	0
上海市	0	0	0	0	0	0	1	1
山东省	10	11	4	4	1	1	2	1
陕西省	9	9	1	1	0	0	0	0
四川省	16	16	1	1	0	0	1	1
天津市	0	0	1	1	0	0	0	0
新疆维吾尔 自治区	1	1	0	0	0	0	1	1
云南省	6	6	0	1	0	0	2	1
浙江省	4	3	3	7	1	1	3	0

数据来源：根据前文效率测算结果自行统计获得。

表 7 - 6　　　　中国七大地理分区城市绿色效率分布

年份	西北	西南	东北	华东	华北	华中	华南
2003	0.351623	0.41096	0.47471	0.557355	0.401656	0.473512	0.671952
2011	0.354895	0.377319	0.481303	0.492978	0.461052	0.431503	0.56269

　　其二，城市效率具有空间集聚特性，但空间关联性不强且进一步降低。

　　利用 Arcgis10 对 2003 年和 2011 年城市综合效率的全局自相关系数进行计算，得出 2003 年 Moran I 值为 0.206725，2011年 Moran I 值为 0.174563，且都通过了 5% 的显著性水平检验，说明城市的效率在空间上呈现正相关，但是空间关联性减弱，与不考虑非期望产出的城市效率空间关联性增强的情况相反，说明考虑非期望产出造成了城市间城市效率的分化。

　　为进一步考察城市效率的空间关联状态和关联类型，本书进行了热点分析和 LISA 聚类分析，通过热点分区可以看出，2003 年城市效率高的热点区域（包括热点和次热点）主要集中在东南沿海地区，考虑了非期望产出的东部城市效率表现更好，冷点城市依然主要分布在陕—甘—宁—晋—豫—川—渝片区。热点—次热点—中间区—次冷点—冷点有自沿海向内陆推进的空间分布格局。2011 年与 2003 年相比，冷点区域进一步向东扩展，与不考虑非期望产出的 2011 相比，冷点区也向东扩张，说明这些地区在考虑了非期望产出，城市效率更低。2011 年热点区域开始扩散，西部、东北部分地区都出现了热点和次热点区域，总的来说，东部沿海构建了我国的城市效率热点区。

　　从 LISA 的分布来分析，2003 年 229 个城市不显著，HH 为 29 个，HL 为 7 个，LH 为 3 个，LL 为 14 个，HH 类型城市主要分布在长三角、珠三角、福建地区，LL 类型城市则在甘肃（2 个）—宁夏（2 个）—陕西（5 个）—山西（5 个）片区集中分布，2011 年不显著城市上升至 238 个，HH 为 22 个，HL 为 7 个，LH 为 2 个，LL 为 13 个，空间关联性主要由 HH、LL 类型为主，与 2003 年相比，HH 集聚的数量减少而且更为分散，说明珠三角的城市效率的辐射效应减弱，LL 的集聚的数量也减少了 1 个，而且 LL 类型分布更为分散。与不考虑非期望产出相比也更为分散，说明考虑非期望产出的城市效率空间关联性更弱，进一步说明了考虑非期望产出的城市效率加剧分化，总体来说，我国城市效率的空间关联性不强。

本书进一步通过对将城市效率在考虑非期望产出与不考虑期望产出的结果对比，分为效率下降、效率上升、效率不变三种类型。从表 7-7 中可以看出，2003 年在考虑非期望产出后，大部分的城市效率下降，东北、西北、浙江、广东、江西、贵州等地区部分城市出现了效率的上升，所有的有效城市不变，依然是有效城市，其中，巴中、北京、崇左、东营、惠州、揭阳、开封、马鞍山市、宁德、莆田、厦门、汕头、汕尾、沈阳、随州、湛江、漳州、长春在不考虑环境污染为无效城市，在考虑环境污染变为有效城市。从表 7-8 看出，2011 年，在考虑非期望产出后，效率上升的城市比较少，大部分集中在东北、西北与西南地区。所有有效城市同时也是绿色有效城市，北京、成都、沈阳、庆阳、青岛、黄山、长沙、海口、三亚在不考虑环境污染为无效城市，在考虑环境污染则变为有效城市。

表 7-7　　　　2003 年城市效率与城市绿色效率变化统计

类型	城市	合计个数
效率不变城市	大庆市、乌鲁木齐市、盘锦市、嘉峪关市、鄂尔多斯市、济南市、宿州市、常州市、无锡市、武汉市、苏州市、湖州市、宁波市、长沙市、温州市、衡阳市、玉溪市、来宾市、玉林市、佛山市、茂名市、广州市、中山市、绥化市、大连市、上海市、东莞市、深圳市	28
效率上升城市	鸡西市、松原市、白城市、吉林市、长春市、通辽市、赤峰市、沈阳市、朝阳市、北京市、武威市、银川市、东营市、庆阳市、固原市、定西市、天水市、开封市、亳州市、巴中市、达州市、马鞍山市、南充市、宣城市、雅安市、荆州市、上饶市、昭通市、抚州市、丽水市、宜春市、娄底市、赣州市、宁德市、福州市、昆明市、莆田市、厦门市、漳州市、揭阳市、潮州市、汕头市、汕尾市、惠州市、珠海市、阳江市、湛江市、海口市、三亚市、克拉玛依市、哈尔滨市、运城市、随州市、崇左市	54
效率下降城市	其他地级市	200

表7-8　　　　2011年城市效率与城市绿色效率变化统计

类型	城市	合计个数
效率不变城市	佳木斯市、大庆市、乌鲁木齐市、呼和浩特市、盘锦市、包头市、鄂尔多斯市、金昌市、常州市、武汉市、怀化市、衡阳市、福州市、玉溪市、汕头市、佛山市、茂名市、广州市、中山市、阳江市、上海市、东莞市、深圳市	23
效率上升城市	黑河市、齐齐哈尔市、沈阳市、酒泉市、北京市、营口市、武威市、忻州市、太原市、东营市、西宁市、庆阳市、固原市、青岛市、铜川市、定西市、平凉市、渭南市、天水市、商丘市、安康市、巴中市、达州市、南充市、芜湖市、苏州市、成都市、雅安市、黄山市、资阳市、长沙市、宜春市、温州市、贵阳市、莆田市、来宾市、河池市、贵港市、肇庆市、玉林市、海口市、三亚市、绥化市、克拉玛依市、哈尔滨市、天津市	46
效率下降城市	其他地级市	213

为进一步分析我国城市绿色效率随时间的变动趋势，通过对2003～2011年投入产出面板数据进行运算，计算每年的均值，绘制出中国城市绿色综合效率变动趋势，如图7-1所示。

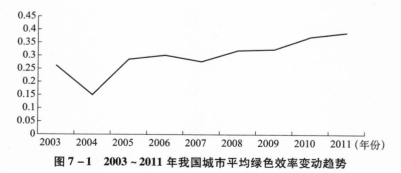

图7-1　2003～2011年我国城市平均绿色效率变动趋势

2004年，我国城市绿色效率出现大幅下降，2005～2011

年，呈现缓慢上升态势，总体而言，我国城市绿色城市综合效率整体呈现波动中逐步上升的趋势，这就意味着虽然目前我国城市发展离经济与资源环境协调发展还存在一定差距，但城市高投入、高排放的粗放型发展模式正在逐步改善，城市经济增长过程中资源节约和环境保护开始初显成效。

7.3.2　城市纯技术效率和规模效率分析

从技术效率看，2003 年和 2011 年分别为 0.6400165 与 0.6505131，技术有效的城市 2003 年为 73 个，2011 年则为 72 个。2003 年，平均规模效率水平为 0.771912，达到规模有效的城市为 48 个，2011 年平均规模效率水平为 0.722405，规模有效的城市达到 33 个。可以看出，技术效率有效的城市远远多于综合效率有效和规模效率有效的城市。通过对综合效率与技术及规模效率做相关性分析（如表 7-9 所示），发现 2003 年技术与综合效率具有更高的相关性，说明 2003 年规模因素是影响综合效率提高的主要原因；2011 年，规模效率与综合效率具有更高的相关性，说明技术因素成了我国城市综合效率低下的重要因素，这说明在这一时期，我国城市化快速发展，不少城市都谋求大发展，进行了摊大饼式的扩张，这影响到了我国资源要素的配置利用效率，资源的配置效率不高是目前影响我国城市效率提升的主要因素。

表 7-9　纯技术效率、规模效率与综合效率的相关性统计

指标	2003 年	2011 年
规模效率与综合效率相关系数	0.6708 ***	0.6865 ***
纯技术效率与综合效率相关系数	0.7234 ***	0.5673 ***

注：*** 表示在 1% 的水平上显著。

7.3.3 我国三大经济地带城市绿色效率特点分析

为了科学反映我国区域经济发展的不同状况，我国制定不同区域发展政策，划分了东部地区、中部地区、西部地区。如表 7-10 所示，从综合效率来看，2003 年，东部、中部、西部的城市平均效率分别为 0.585766、0.440295 和 0.412718，2011年，东部、中部、西部的城市平均效率分别为 0.546388、0.412408 和 0.38197，可以看出，无论是 2003 年还是 2011 年，城市综合效率表现为东部 > 中部 > 西部，与我国的经济带发展格局一致，进一步论证了推动城市化，要关注城市化的质量与效率。从低于平均效率的城市分布来看，2003 年，62 个分布在东部，占东部城市总数量的 51.23%，中部有 61 个，占中部城市总数的 76.25%，64 个分布在西部，占西部城市总数的79.01%；2011 年，55 个分布在东部，占东部地区总城市数量的 45.45%，60 个位于中部，占中部城市总数的 75%，67 个分布于西部地区，占西部城市总数的 82.72%。说明与 2003 年相比，西部地区城市效率进一步下降，可以看出，我国大部分的西部城市都是低于平均城市效率的，西部城市效率问题尤为严重。而且 2003 ~ 2011 年，东部与西部之间差距呈现进一步扩大的趋势，也就是效率的区域差异进一步扩大。

从城市的规模效率来看，2003 年，东、中、西部平均城市规模效率为 0.852975，0.752054 和 0.67043，2011 年，东、中、西部平均城市规模效率为 0.805507、0.727933 和0.592805。可以看出，规模效率分布格局与综合效率一致。形成规模效率的损失有两种情况，一是规模不足，另一个是规模过大，通过对规模收益进行计算，2011 年，有 12 个规模报酬递减的城市但都位于东中部，西部城市规模效率的损失主要来自规模不足，西部城市普遍存在有效规模不足的现象，扩大城市规模，加强集聚经济效应，推动西部城市效率的提升。

从城市的纯技术效率来看，2003 年，东、中、西部平均技术效率 0.67668、0.593263 和 0.631424，2011 年，东、中、西部平均技术效率 0.677937、0.569453 和 0.689605。可以看出，纯技术效率的分布格局与综合效率并不一致，反映技术效率的损失是限制我国东中部效率提升的重要原因，东中部地区应积极推动产业转型升级，合理配置资源，提高资源的利用效率，西部地区积极承接东部转移产业，扩大城市规模。这一分析与前面得出目前技术效率是影响我国效率提升的重要原因的分析的结论是一致的。

表 7 – 10 三大地带城市平均综合效率、规模效率和技术效率

区域	2003 年 综合效率	2003 年 纯技术效率	2003 年 规模效率	2011 年 综合效率	2011 年 纯技术效率	2011 年 规模效率
东部地区	0.585766	0.67668	0.852975	0.546388	0.677937	0.805507
中部地区	0.440295	0.593263	0.752054	0.412408	0.569453	0.727933
西部地区	0.412718	0.631424	0.67043	0.38197	0.689605	0.592805

7.3.4 我国不同行政级别城市绿色效率的特征分析

我国对城市划分了不同的行政级别，直辖市有 4 个，副省级城市为 15 个，省会城市 26 个（拉萨除外），省会兼副省级城市 10 个。从表 7 – 11 可以看出，我国的城市效率并没有完全表现出与行政级别一致的格局，2003 年为副省级城市 > 省会兼副省级城市 > 省会城市 > 直辖市 > 地级市，2011 年为省会兼副省

级城市 > 副省级城市 > 直辖市 > 省会城市 > 地级市。一个重要
的原因是直辖市中，虽然上海和北京为有效城市，但是位于西
部的重庆市效率较低，导致直辖市平均效率并不突出。其中，
无论是 2003 年还是 2011 年，直辖市、副省级城市、省会兼副
省级城市及省会城市的效率远高于全国平均城市效率的水平，
而地级城市均低于全国平均城市效率水平。省会城市 2003 年有
效城市为 10 个，2011 年则为 9 个。2003 年，东部省会城市的
平均效率为 0.86572，2011 年则为 0.774178；2003 年，中部省
会城市平均效率为 0.734787，2011 年则为 0.699898；2003 年，
西部省会城市平均效率为 0.610221，2011 年则为 0.61591。无
论是 2003 年还是 2011 年，省会城市的平均效率为东部 > 中
部 > 西部。2003 年，东部地级市的平均效率为 0.536305，2011
年为 0.503633；2003 年，中部地级市的平均效率为 0.416417，
2011 年为 0.389098；2003 年，西部地级城市平均效率为
0.384881，2011 年则为 0.347521。无论是 2003 年还是 2011 年，
地级城市的平均效率同样表现出东部 > 中部 > 西部。由此可以
得出：我国的城市效率虽然没有表现出与行政级别完全一致的
格局，但是还带有明显的东、中、西部地带性。

表 7 - 11   2003 年和 2011 年中国行政级别城市绿色平均效率

年份	直辖市	副省级城市	省会兼副省级城市	省会城市	地级城市
2003	0.730424	0.866055	0.822047	0.737236	0.457474
2011	0.76587	0.788882	0.794574	0.695281	0.425077

7.3.5 中国城市绿色效率的规模等级特征分析

国内外大量的理论与实证证实城市的规模会影响城市经济

效率（见表 7 – 12），按照《中国中小城市发展报告（2010）：
中国中小城市绿色发展之路》提出的全新城市规模等级划分方
法，小城市为市辖区年末人口 < 50 万，中等城市为 50 万 ~ 100
万人口，大城市为 100 万 ~ 300 万人口，特大城市为 300 万 ~
1000 万人口，巨大型城市为 > 1000 万人口以上。目前，我国地
级及以上城市以大中型城市为主。

表 7 – 12 　　2003 年和 2011 年中国规模等级城市平均效率

年份	巨大型城市	特大型城市	大城市	中等城市	小城市
2003	0. 795429	0. 827376	0. 588374	0. 438473	0. 385741
2011	0. 818009	0. 75867	0. 491486	0. 404806	0. 400812

从表 7 – 12 中可以看出，除 2003 年巨大型城市平均效率低
于特大型城市平均效率外，巨大型城市包括三个：北京、上海、
重庆。其中，北京、上海为有效城市，重庆的效率较低，一个
重要的原因是重庆为山区地形，不利于城市紧凑发展，影响了
城市效率的提高。中国的城市效率的规模等级特征表现为城市
规模等级越高，城市的效率也越高，一方面，大量的人口集聚
推动了土地价格的上涨，促进了城市的集约发展，有利于效率
的提高；另一方面，产业的集聚效应与规模经济也推动了城市
效率的提高。一般来说，城市规模越大，城市的环境处理设施、
基础服务设施，公共服务设施就越完善且越有效率。王嗣均通
过城市效率的评价也认为，我国存在"城市规模效率梯度"作
用，这种作用使产业和人口集中趋势进一步加强，大城市的规
模将进一步扩大，认为 1978 年制定的"控制大城市规模，合理
发展中等城市，积极发展小城市"的方针并没有充分地认识到
城市化规律，而是计划经济体制下限制城市发展政策产物。春
中也认为，中国户籍政策限制了人口的流动，大部分的地级市

都比最优规模小40%，提高城市的规模水平有利于促进国民生产总值的增长。但这是否意味着为提高城市效率而推动城市巨型发展呢，这关系着国家城市发展战略的选择。关于中国应走大城市为主的城市化发展模式？还是走以小城市为主的城市化发展模式？还是走中等城市为主的城市化发展模式？还是走、大、中小城市并举的多元化城市化发展模式？国内学者进行了大量的探讨研究，支持走大城市发展道路的认为，大城市可以形成较高的规模收益和集聚效应，而且城市规模扩大，由于大城市的地租水平与工资水平较高及对环境的标准要求的提高等原因，属于第三产业的商业与服务业比重上升，而属于第二产业的制造业比重下降，制造业转向成本较低的中小城市，有利于大城市产业结构的优化，使大城市更适宜人口居住。安虎森等认为，小城镇优先发展是我国的政策错误，难以形成集聚经济，产生规模效应，则会造成资源的严重浪费与环境的破坏，应大力发展我国的大都市区，重视城市群的培育。简新华指出，我国的小城镇由于在建设之初缺乏统一规划，存在过密过散的问题，导致城镇的集聚效应不足，规模效应难以显现，不能形成完善的供水、供电、排污等基础设施及商业、科技、教育等服务设施。同时，由于小城镇的规划与监管力度不强，导致环境污染和土地资源浪费的现象非常严重，这给小城镇的发展带来严重的挑战。认为大城市并不一定就会产生严重的"城市病"，认为中国走合理发展大城市，积极发展中等城市、适当发展小城市的道路才是正确的城市化发展战略。反对走大城市发展为主道路的学者认为，大城市容易产生交通拥堵、环境污染等负外部性问题。我国人口众多，城市的空间承载力有限，城市化的成本持续上升，小城镇成为发展农村经济、推动农业现代化、转移农村剩余劳动力的重要途径。周牧之等人则认为，大城市群才是城市化的最高结晶，中国未来经济与人口的重心将越来越向长三角、珠三角、京津冀三大城市群集中。童大焕认为，出于区域均衡发展的理想主义与对大城市化的"城市病"的恐惧，中国的城市化存在着规律与规划撕裂、人口流动与政府导向背离等现象，导致人口净流出地区过度城市化，造成资源的巨大浪费。认为中国深陷"费孝通陷阱"，小城镇战略、西部大开发与就地城镇化都是失败的政策，中国城市化路径应该不仅是农村包围城市、农民成为市民的过程，也是从小城市到大城市的过程。王嗣均提出，城市化效率的差异推动城镇化水平进一步提高，促进城市规模的扩大，但同时，他也提出，高效率的大城市可能会产生过度城市化问题，其引起的城市病问题会抵消效率的优势，因此，需要对城镇人口的流动加以疏导与调控。弗农·亨德森（Vernon Henderson）也提出，城市集中和经济发展是一个倒"U"型关系，城市集中随着城市的集中先增加，达到高峰，然后下降。笔者认为，一方面，大的城市规模会产生较好的经济效率，但是也会带来难以用数字定价的一系列社会问题，交通拥堵、生活空间缩小、绿地空间缩小，生活成本的提高使生活压力增大，影响居民身心健康，等等，这些问题都影响着居民生活质量的提高，正如王嗣均指出的，这些问题会抵消效率的优势；另一方面，这也涉及一个传统的公平与效率的问题。资源是有限的，资源流向巨型城市就意味着另一些城市的进一步发展受到限制。一般人口会流向他们认为更有机会的城市。不同于发达国家人口的流动大部分为城市与城市之间人口的流动，发展中国家人口的流动大多为农村流向城市，大量流向巨大型城市的人口也意味着会产生大量的流动人口，他们虽然在大城市工作，但很难支付起城市的居住、学习等生活成本，容易在城市的外围形成大量的贫民窟。发展中国家的一些大型城市，如印度的孟买、加尔各答，泰国的曼谷，人口都超过了1000万，但是其中有 1/3 ～ 1/2 生活在贫民窟。另外，城市化效率的差异也容易造成不对称的区域发展，如我国由于东部沿海地区城市具有较高的效率，促进了人口、能源等资源进一步向东部城市集聚，形成了我国东、中、西部严峻的地区差异问题，这推动了贫富差距的迅速上升，不利于社会的稳定发展。笔者认为。对城市人口流动的疏导与调控，推动城市群的发展，对正处于东、西部巨大地区经济差距时期城市化质量的提高是必要的，推动东部地区的转型增长和中西部地区的进一步发展。

7. 3. 6　中国不同城市职能类型的城市绿色效率的特点

许峰、周一星按照我国不同的城市职能将城市划分为特大型综合性城市为主的城市、中小规模为主的专业化城市、小型高度专业化为主的城市三个大类。将我国的 282 个地级及以上的城市按照这种标准分类，其中，大型综合性城市为主的城市有 33 个，中小规模为主专业化城市有 133 个，小型高度专业化为主的城市 116 个，计算的结果如表 7 - 13 所示，可以看出，大型综合性城市平均效率明显高于中小规模为主专业化城市和小型高度专业化城市平均效率。这一结论涉及前文论述的多样化与专业化对经济增长的影响，多样化城市的效率远高于专业化城市的效率。笔者认为，大型城市能够支撑多样化生产，而从前文分析的我国城市规模等级的城市效率来看，大型城市一般具有较高的城市效率，因此，多样化有较高的效率。而专业化城市一般为中小规模，对于规模较小的城市，在资源、资金投入有限的情形下，盲目地追求多样化反而会造成资源配置的低下，不利于经济的增长和效率的提高。随着经济的增长，城市规模的扩大，城市追求多样化发展对城市的发展有利，因此，多样化、专业化并不是矛盾对立的，对于城市的不同发展阶段，可以选择不同战略侧重点。中小规模为主专业化城市平均效率高于小型高度专业化为主的城市平均效率，与前文得出"城市规模效率梯度"结论是一致的。总的来说，2003年与2011年，三大类型城市的平均效率变化不大，中小规模为主专业化城市和小型高度专业化城市2003年和2011年城市的平均效率均小于全国城市平均效率。

表7-13　　　　　三大类城市职能类型城市平均效率

类型	2003 年	2011 年
大型综合性城市为主的城市	0.759486	0.72555
中小规模为主专业化城市	0.475067	0.430269
小型高度专业化为主的城市	0.442108	0.421347

进一步进行城市职能的亚类分类，大型综合性城市划分为全国性特大型综合性城市和大区级、省级综合性城市。从表7-14可以看出，全国性特大型综合性城市平均效率 > 大区级、省级综合性城市效率。而且相比于大区级、省级综合性城市的效率，全国性特大型综合性城市效率具有上升的趋势。中小规模为主专业化城市分为5类，可以看出，特大型、大型工业城市 > 建筑业占重要地位的城市 > 矿业占重要地位城市 > 中小型工业城市 > 矿业城市，可以基本归类为工业型城市 > 建筑业城市 > 矿业城市，因此，在考虑资源环境约束下的矿业城市的城市效率相对是最低的。小型高度专业化为主的城市划分为6类，可以看出，2003年，综合性城市 > 商业化城市 > 高度专业化交通运输城市 > 旅游城市 > 高度专业化行政和其他第三产

业城市 > 地质勘探业特别突出城市。2011 年，综合性城市 > 旅游城市 > 商业化城市 > 高度专业化交通运输城市 > 地质勘探业特别突出城市 > 高度专业化行政和其他第三产业城市。总的来看，在小型高度专业化城市中，综合性城市的效率最高，而且从属于综合城市的城市规模来看，大部分都为大城市，说明随着城市的增长，要鼓励城市多样化发展。

表 7 – 14   不同城市职能亚类城市平均效率

类型	亚类城市	2003 年	2011 年
大型综合性城市 为主的城市	全国性特大型综合性城市	0.845957	0.866211
	大区级、省级综合性城市	0.736206	0.687679
中小规模为主 专业化城市	建筑业占重要地位的城市	0.492653	0.439388
	矿业占重要地位城市	0.378112	0.397711
	矿业城市	0.364949	0.339928
	中小型工业城市	0.38108	0.360067
	特大型、大型工业城市	0.59391	0.531322
小型高度专业化 为主的城市	地质勘探业特别突出城市	0.232972	0.313315
	旅游城市	0.449645	0.450135
	高度专业化行政和其他第三 产业城市	0.311917	0.306668
	高度专业化交通运输城市	0.453668	0.397866
	高度专业化商业城市	0.461852	0.413809
	综合性城市	0.507357	0.486638

7.3.7 中国长江经济带城市绿色效率特征分析

长江经济带为横跨我国东、中、西部的一条经济轴线，以长江黄金水道为依托，这一轴线的区域联动发展，对于东部产业向内陆延伸，推动经济的转型升级，缩小区域差距，发挥"先富带动后富"作用有重要的战略意义。长江经济带覆盖了上海、江苏、浙江、安徽、江西、湖北、湖南、重庆、四川、贵州、云南 9 省 2 市,是我国城市密集带,串联着长江三角洲城市群、长江中游城市群和成渝城市群。2013 年,城市人口占全国的43.45%,城市经济占全国城市经济的 40.78%。长江经济带是我国经济密度最大的流域经济地带,通过开发其广阔的经济腹地,将成为中国未来 30 年经济增长潜力最大的地区(曾刚,2014)。2013 年 9 月 23 日,国家发改委同交通运输部在北京召开了关于《依托长江建设中国经济新支撑带的指导意见》研究起草工作动员会议,长江流域经济带成为国家开发战略重心,2014 年发布的《国务院关于依托黄金水道推动长江经济带发展的指导意见》指出,要把长江经济带打造成具有全球影响力的内河经济带,生态文明示范带,东、中、西互动合作的协调发展带及对内对外全方位开放带,使其成为我国"新常态"经济发展的新引擎,长江经济带正式上升成为国家重点战略之一。长江经济带发展必须坚持走生态优先、绿色发展的道路。因此,分析长江经济带城市绿色发展能力,探寻绿色发展潜力就显得尤为重要。

由于毕节市和铜仁市 2011 年以前数据缺失,因此,本书对长江经济带 9 省 2 市 108 个地级及以上城市的绿色效率进行测度,通过计算得出,2011 年的绿色效率平均值为 0.523779,高于全国城市的平均绿色水平 0.4611531。进一步计算长江经济带 9 省 2 市绿色发展效率的平均值,如表 7 - 15 所示,可以看出,绿色效率最低的省份为江西省,安徽省的绿色效率也较低,远低于中部地区的湖北省和湖南省,安徽省、江西省较靠近沿海地区,却成为城市发展绿色效率的塌陷地带。一方面,就区域竞争而言,由于临近沿海地区的产业前后向联系更紧密,消费市场更广阔等因素,高新技术产业、新兴产业、服务业可能更向这些发达城市集聚,因而安徽、江西在与沿海发达省份的

竞争中处于劣势；另一方面，就区域合作而言，根据产业梯度
转移理论，发达地区将区域内丧失比较优势的产业向欠发达地
区转移，如一些劳动力密集型产业、高耗能产业、高耗材或者
高排放产业等。在承接产业转移方面，安徽省、江西省靠近沿
海地区的城市具有较为明显的区位优势，是沿海地区产业转移
的前沿地带，但是沿海地区转移的主要是已经或者日趋淘汰的
高消耗、高排放产业，可能带来污染转移，这些因素都会反映
在城市发展的绿色效率上。从规模效率来看，下游地区与中游
地区的规模效率均在 0.8 以上，明显高于上游地区水平，说明
上游地区城市绿色发展存在规模发展不足或者规模过大的情况
较明显，尤其是重庆市，规模效率成为导致重庆市绿色发展不
高的关键因素。从技术效率来看，上海市、重庆市实现了技术
效率有效，浙江省、湖南省、江苏省的技术效率高于其他省份，
除上海与重庆外，所有省份的技术效率均小于规模效率。

表 7 – 15　　2011 年长江经济带城市绿色效率及分解值

区域	综合效率	技术效率	规模效率	区域	综合效率	技术效率	规模效率
湖北省	0.474	0.543	0.874	贵州省	0.425	0.594	0.715
江西省	0.400	0.471	0.849	云南省	0.425	0.592	0.719
湖南省	0.587	0.645	0.910	上海市	1.000	1.000	1.000
安徽省	0.431	0.529	0.815	江苏省	0.565	0.618	0.915
重庆市	0.514	1.000	0.514	浙江省	0.655	0.710	0.923
四川省	0.415	0.555	0.748				

　　为进一步分析长江经济带城市绿色效率随时间的变动趋势，
通过对 2003 ~ 2011 年投入产出面板数据进行运算计算每年的均
值，绘制出长江经济带城市绿色综合效率、规模效率及技术效
率变动趋势，如图 7 – 2 所示。

　　可以看出，绿色城市综合效率与技术效率变动趋势相同，
也就是说，综合效率的变动主要来源于技术效率的变动，技术

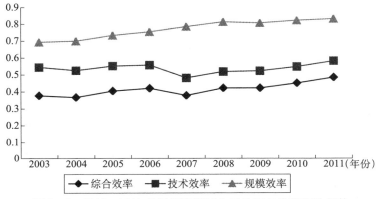

图 7 - 2   2003 ~ 2011 长江经济带城市平均绿色效率变动趋势

效率成为制约长江经济带绿色城市综合效率的主要因素。因此，长江经济带城市要改变目前效率低下的现状，关键在于提高技术效率，推进城市的创新发展，推动新技术、新产业、新业态的发展，促进产业结构的优化升级。从图 7 - 2 中可以看出，2003 ~ 2011 年，规模效率呈增长趋势，但从 2008 年以后，增长变得较为缓慢，说明长江经济带城市已经经历过由城市投入产出规模扩张带来的集聚效应促进城市综合效率提高的时期，未来通过城市规模及经济总量的扩张改善效率的空间不大。总体而言，绿色城市综合效率整体呈现波动中逐步上升的趋势。这就意味着，虽然目前长江经济带离经济与资源环境协调发展还存在一定差距，但城市高投入、高排放的粗放型发展模式正在逐步改善，城市经济增长过程中资源节约和环境保护开始初显成效。

7.3.8 中国三大城市群城市绿色效率分析

城市群是未来城市发展的主体形态，城市群是由距离相近、经济联系密切、城市功能互补的若干城市组成。打造城市群，一方面，使区域内城市联系网络化，可以进一步密切城市群内经济联系，有效地促进区域内资源的优化配置；另一方面，当核心城市规模扩大，集聚不经济推动产业和人口向周边城市转移，既避免集聚不经济带来的社会和环境问题，又让周边城市因为受核心城市的辐射带动得到更好发展。城市群是城市发展到成熟阶段的最高空间组织形式，城市群是未来国际经济竞争的基本单位，对于我国如此大规模的人口基数，单独发展巨型城市会给城市的发展带来很大的压力，城市群可以容纳更多的人口，可以推断，城市群是未来中国城市发展的重要方向。中国城市群是中国未来经济发展格局中最具活力和潜力的核心地区。据统计，目前，我国的十大城市群10%的面积承载超过2/3的经济总量，城市群在我国生产力布局格局中起着战略支撑点、增长极点和核心节点的作用，对于增强国家的国际竞争力产生重大的影响。长江三角洲城市群、珠江三角洲城市群、京津冀城市群是我国东部沿海三大具有国际影响力的城市群，以谋求世界级城市群发展为目标。

长江三角洲城市群上海、江苏、浙江以及安徽部分城市，如表7-16所示：2003年，长江三角洲城市群的城市平均效率为0.600694，2011年为0.552891，均远高于全国平均水平；2003年平均规模效率0.866161，2011年为0.848204，说明达到了最优规模的80%以上；2003年与2011年，平均技术效率为0.670476和0.625248；2003年，综合效率有效的城市为8个，2011年为3个，减少了5个；2003年，技术有效城市10个，2011年减少到4个，规模有效的城市由2003年的8个减少至2011年的3个。总体来看，近9年来，长江三角洲城市群内的城市效率有下降的趋势。大部分的城市都为规模报酬递增，南京、无锡、徐州、杭州、宁波、合肥为规模报酬递减。

表7-16　　长江三角洲城市群城市绿色效率

城市	2003年综合效率	2003年技术效率	2003年规模效率	规模报酬	2011年综合效率	2011年技术效率	2011年规模效率	规模报酬
上海市	1	1	1	不变	1	1	1	不变
南京市	0.5811161	0.5877592	0.9886976	递减	0.7489639	0.7525744	0.9952024	递减
无锡市	1	1	1	不变	0.7668105	0.7713896	0.9940638	递减
徐州市	0.4717512	0.4757611	0.9915716	递增	0.5056601	0.5288881	0.9560814	递增
常州市	1	1	1	不变	1	1	1	不变
苏州市	1	1	1	不变	1	1	1	不变
南通市	0.5671521	0.6400725	0.8860747	递减	0.6103408	0.6461945	0.9445157	递增
连云港	0.392316	0.4498153	0.8721713	递增	0.4468278	0.5247671	0.8514784	递增
淮安市	0.4208573	0.446005	0.9465967	递增	0.4572267	0.512736	0.8917391	递增
盐城市	0.3699998	0.4283017	0.8638764	递增	0.4497889	0.5146587	0.8739558	递增
扬州市	0.5431186	0.5573978	0.9743823	递增	0.694781	0.7513604	0.9246974	递增
镇江市	0.4752769	0.488849	0.9722367	递增	0.5412747	0.5979056	0.9052846	递增
泰州市	0.5189859	0.6261602	0.8288388	递增	0.7962879	120	0.7962879	递增
宿迁市	0.3350663	1	0.3350663	递减	0.3680535	0.4585229	0.8026939	递减
杭州市	0.7562523	0.781412	0.9678023	递增	0.6747585	0.6883784	0.9802144	递减
宁波市	1	1	1	不变	0.6103368	0.6251258	0.9763423	不变
温州市	0.4166764	0.4498031	0.926353	递增	0.7912578	0.9993969	0.7917353	递增
嘉兴市	1	1	1	不变	0.4274966	0.504494	0.8473771	不变
湖州市	0.4579226	0.5090832	0.8995045	递增	0.4763596	0.5609743	0.8491646	递增
绍兴市	0.448695	0.5048308	0.8888027	递增	0.3974232	0.4600054	0.8639533	递增
金华市					0.508088	0.6013737	0.8448789	递增

续表

城市	2003 年综合效率	2003 年技术效率	2003 年规模效率	规模报酬	2011 年综合效率	2011 年技术效率	2011 年规模效率	规模报酬
衢州市	0.3222113	0.4217348	0.764014	递增	0.3389474	0.4687546	0.7230806	递增
舟山市	0.507141	0.556462	0.9113667	递增	0.5436176	0.727553	0.7471864	递增
台州市	0.5536646	0.5839884	0.9480746	递增	0.551525	0.6203462	0.88906	递增
丽水市	0.5770314	1	0.5770314	递增	0.4773853	0.7513608	0.6353609	递减
合肥市	0.6362033	0.6933856	0.9175317	递增	0.4848677	0.511673	0.9476124	递增
芜湖市	0.5738498	0.6681742	0.8588325	递增	0.3871285	0.4272172	0.9061634	递增
滁州市	0.375199	0.5235231	0.7166808	递增	0.3112874	0.4620146	0.673761	递增
淮南市	0.3210218	0.3936551	0.8154899	递增	0.3006943	0.3654868	0.8227227	递增
马鞍山	1	1	1	不变	0.4724376	0.5495395	0.8596972	递增

数据来源：作者自行计算。

　　珠江三角洲城市群是以香港、广州、深圳为核心，辐射珠海、佛山、江门、肇庆、惠州、东莞、中山、澳门的城市群，由于香港、澳门数据无法获取，因此只研究了9个城市。各城市效率如表7-17所示，2003年，城市平均效率为0.876872，2011年为0.7406；2003年，平均技术效率为0.886618，2011年为0.766406；2003年，平均规模效率0.983598，2011年为0.9424；2003年，9个城市中有6个达到有效城市，占城市总数的66%，2011年减少了1个。可以看出，珠三角城市群为我国高效率城市群。可以从以下几个方面解释这一原因：一是广东作为我国改革开放的先行区，在先行一步的政策优势下，成功地发展外向型经济，政策的优势和对外开放格局的形成，吸引了大量的外资流入，使珠三角城市成为国内经济发展的先行区，大量的制造业在珠三角地区集聚，根据核心边缘理论，两个生产结构完全相同的地区，一个偶然的因素使地区1的制造业向地区2迁移，增加了地区2的产品种类和产品数量，增加了地区2对劳动力的需求，从而增加了对产品的消费，进一步又促进了生产，会吸引地区1的制造业进一步向地区2迁移，地区2成为制造业集聚的核心区。由于政策优势先行发展的珠江三角洲地区制造业进一步集聚，在珠江三角洲城市群已经成制造业产业集聚地的代名词，在全国具有重大的影响力，吸引全国大量的人口、人才、资源、资金、技术流向这一地区，也证明了城市的组团发展可以提高区域竞争力。二是由于珠三角城市群同属广东一个省管辖，有利于城市群内城市资源的合理配置，有利于城市间职能的分工与整合，这一点珠江三角洲城市群优于长江三角洲城市群和京津冀城市群。

　　京津冀城市群包括北京、天津两个直辖市和河北省的城市，

表7-17   珠三角城市群城市绿色效率

城市	2003年综合效率	2003年技术效率	2003年规模效率	规模报酬	2011年综合效率	2011年技术效率	2011年规模效率	规模报酬
广州市	1	1	1	不变	1	1	1	不变
深圳市	1	1	1	不变	1	1	1	不变
珠海市	0.7252016	0.7418675	0.977535	递增	0.5082829	0.5702086	0.891398	递增
佛山市	1	1	1	不变	1	1	1	不变
江门市	0.6773272	0.6890274	0.983019	递增	0.5068669	0.5674272	0.893272	递增
肇庆市	0.4893174	0.5486705	0.891824	递增	0.2632369	0.3325597	0.791548	递增
惠州市	1	1	1	不变	0.3870142	0.4274607	0.90538	递增
东莞市	1	1	1	不变	1	1	1	不变
中山市	1	1	1	不变	1	1	1	不变

数据来源：作者自行计算。

各城市效率如表 7 - 18 所示，2003 年，城市群内部城市的平均效率为 0. 465555，2011 年为 0. 438084。无论是 2003 年还是2011 年，京津冀城市群的城市平均效率均低于全国城市效率平均水平。2003 年，城市平均规模效率 0. 857352，2011 年为0. 844408；2003 年，城市平均技术效率为 0. 552147，2011 年为0. 510128。可以看出，京津冀城市群内部除北京与天津城市综合效率稍高外，其他城市的城市综合效率均较低。效率低的城市发展动力不足，加上临近的北京、天津高效率城市的吸引，人才、资源不断流出，这种强大的"回波效应"是造成河北省环京津地区贫困带，"灯下黑"现象的一个重要原因。此外，城市的平均规模效率实现了最优规模的 80% 以上，但是技术效率较低，说明城市的资源配置效率不高是影响京津冀城市群效率提升的重要原因，应加强城市群内资源的整合，协调城市群内城市的职能分工，提高区域的整合联动，提升城市群内城市整体的效率。

7.3.9 城市绿色效率的投入产出要素的冗余度不不足度分析

冗余度与不足度反映的是投入产出变量与实现最优配置目标值的差距，冗余度与不足度分析为长江经济带各城市效率的改善及未来生产力的合理布局提供科学的方向。

7.3.9.1 我国绿色城市投入冗余度现状分析

2011 年，我国非 DEA 有效的城市有 249 个，通过对非DEA 有效的城市进行投入产出冗余与不足分析，可以进一步分析各个投入产出变量与实现最优配置的目标值的差距。按照城

表 7 - 18   京津冀城市群城市绿色效率

城市	2003 年综合效率	2003 年技术效率	2003 年规模效率	规模报酬	2011 年综合效率	2011 年技术效率	2011 年规模效率	规模报酬
北京市	1	1	1	不变	1	1	1	不变
天津市	0.5354095	0.5364914	0.997983	递减	0.6094511	0.6116102	0.99647	递减
石家庄	0.4535618	0.4576865	0.990988	递增	0.3736596	0.3910928	0.955424	递增
唐山市	0.4644303	0.4653989	0.997919	递增	0.4339343	0.4495651	0.965231	递增
秦皇岛	0.4805608	0.5165187	0.930384	递增	0.485338	0.5668853	0.856149	递增
邯郸市	0.4860234	0.5471703	0.888249	递增	0.3757697	0.4252452	0.883654	递增
邢台市	0.3569974	0.4530217	0.788036	递增	0.332434	0.4416581	0.752695	递增
保定市	0.4920239	0.5199894	0.946219	递增	0.3863449	0.451843	0.848766	递增
张家口	0.4175825	0.4553504	0.917057	递增	0.3296754	0.4307925	0.765277	递增
承德市	0.3414209	0.4618321	0.739275	递增	0.3144924	0.4264558	0.737456	递增
沧州市	0.4557111	0.9998942	0.455759	递增	0.3433267	0.4257474	0.806409	递增
廊坊市	0.2896612	0.3602649	0.804023	递增	0.3830244	0.5095815	0.751645	递增
衡水市	0.2788293	0.4042863	0.689683	递增	0.3276463	0.4978426	0.658132	递增

数据来源：作者自行计算。

市投入变量的平均冗余度的 0.5 倍以下、0.5 ~ 1 倍、1 ~ 1.5 倍、1.5 倍以上，将 4 个投入要素按照冗余度度的大小划分为 4 种冗余度类型。

其一，对于劳动投入来说，平均冗余度为 46.79%，则 0 < 冗余度 < 23.39% 为低劳动冗余度型，23.39% < 冗余度 < 46.79% 为中劳动冗余型，46.79% < 冗余度 < 70.19% 为较高劳动冗余型，非集约度 > 70.19% 为高劳动冗余度型。通过统计得出，2011 年，我国城市效率非 DEA 有效的 249 个城市中，有 16 个城市为劳动投入有效，分别为鞍山市、大连市、揭阳市、辽阳市、南京市、南通市、随州市、泰州市、温州市、无锡市、扬州市、鹰潭市、湛江市、镇江市、淄博市，说明这些城市的劳动投入与目标值相等，导致非 DEA 有效是由其他要素造成。低劳动冗余型有 32 个，中劳动冗余度型有 66 个，较高劳动冗余度型有 94 个，高劳动冗余度型有 42 个，强劳动冗余度型个数最多，特别是商洛市，冗余度达到了 89.96%，与目标值差距巨大。从图 7 - 3 中可以看出，劳动力投入冗余程度在中部与西部地区城市更为严重，虽然我国东部地区城市吸纳了中西部大量的劳动力，但是相比较而言，其冗余度相对较低，特别是长三角、珠三角、环渤海湾地区。也就是说，东部地区城市劳动力投入的效率高于中西部地区城市，这也是促使中、西部地区人口进一步向东部地区转移的原因，通过对劳动力投入的冗余度的值进行 Moran I 值计算，得出 Moran I 值为 0.20845，且通过了 5% 的显著性水平检验，说明劳动力的冗余度在空间上呈现正相关。

其二，以资本投入来说，平均资本冗余度为 44.64%，则冗余度度 < 22.32% 为低资本冗余度型，22.32% < 冗余度 < 44.64% 为中资本冗余度型，44.64% < 冗余度 < 66.96% 为较高

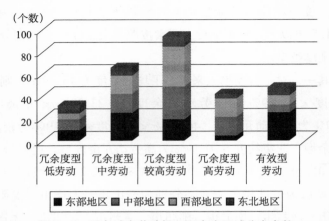

图7-3 绿色城市劳动投入冗余度区域分布个数

数据来源：根据城市劳动投入冗余度测算结果自行统计获得。

资本冗余度型，冗余度 > 66.96% 为高资本冗余度型。有 15 个城市为资本投入有效，包括鞍山市、菏泽市、济南市、揭阳市、金华市、丽水市、临沂市、梅州市、汕尾市、十堰市、绥化市、太原市、泰州市、温州市、湛江市。低资本冗余度型城市为 28 个，中资本冗余度型有 64 个，较高资本冗余度有 114 个，高资本冗余度型有 28 个，对于资本投入而言，更多的城市为较高资本冗余度，说明大部分城市都存在资本粗放生产。从图 7-4 中可以看出，资本投入的有效型和低冗余度型城市较为分散地分布在东部、中部、西部及东北地区，通过对资本投入冗余度的值进行 Moran I 计算，得出 Moran I 为 -0.033，且未通过 10% 的显著性检验，说明资本投入的冗余度在空间上表现为随机分布。说明目前我国政府通过大规模的资金调控城市化存在盲目性，因此，在城市化过程中应更多地引入市场机制，根据市场供给与需求的变动来配置资源。

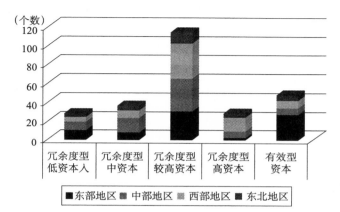

图 7 - 4　绿色城市资本投入冗余度区域分布个数

数据来源：根据资本投入冗余度测算结果自行统计获得。

其三，从土地投入来看，平均冗余度为 62.96%，则冗余度 <31.48% 为低土地冗余度型，31.48% < 冗余度 <62.96% 为土地中冗余度，62.96% < 冗余度 <94.44% 为土地较高冗余度型，冗余度 >94.44% 为土地高冗余度型。只有 4 个城市为土地投入有效，分别为：商丘市、驻马店市、六安市、莆田市。说明我国的城市普遍存在土地蔓延，土地利用效率低的问题。低土地冗余度型城市为 23 个，中土地冗余度型有 96 个，较高土地冗余度型有 124 个，高土地冗余度型有 2 个，说明我国城市土地的低效利用现象比较严重，特别是绥化市土地的冗余度达到了 99.91%，为所有投入要素中与目标值差距最大。通过对我国土地冗余度的 Moran I 值进行计算，得出其值为 0.153179，且通过 5% 水平下的显著性检验，说明我国城市土地冗余呈现一定程度的集聚状态。从图 7 - 5 中可以看出，有效型土地投入和低冗余度型城市主要位于东部沿海地区，东部沿海地区城市的冗余度要低于中、西部地区城市，特别是长三角、珠三角、环渤海湾为低冗余度型城市的集聚区。也就是说，这些地区的城市土地利用效率相比更高，可能一个重要的原因就是这些地区经济较发达，人口较多，但土地资源有限，推动土地价格的提高，促使了这些地区城市土地资源相对更为集约地利用。

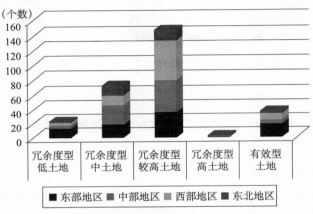

图 7－5　绿色城市土地投入冗余度区域分布个数

数据来源：根据土地投入冗余度测算结果自行统计获得。

其四，以科技投入来说，平均非集约度为 19.72%，则冗余度 <9.86% 为低科技投入冗余度，9.86% <冗余度 <19.72% 为中科技投入冗余度型，19.72% <冗余度 <29.58% 为较高科技投入冗余度型，冗余度 >29.58% 为高科技投入冗余度型。我国技术投入有效的城市达到了 74 个，低科技投入冗余度型城市为 30 个，中等科技投入冗余度型有 36 个，较高科技投入冗余度型有 32 个，高科技投入冗余度型有 77 个。高科技投入冗余度型城市个数最多，说明虽然技术平均冗余度不高，但是城市科技投入形成了两大阵营，一个为技术投入有效，一个为技术投入的冗余度在 29.58% 以上。从图 7－6 中可以明显地看出，东部沿海地区城市为技术投入有效的阵营，而大部分的中西部城市为高科技投入冗余度型。通过计算，Moran I 值为 0.123255，且通过了 5% 水平下的显著性检验，说明科技投入的冗余度值存在空间的正相关。

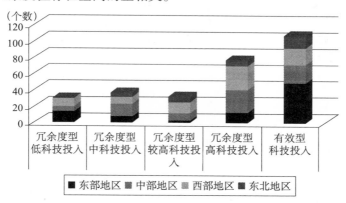

表 7 - 6　绿色城市科技经费投入冗余度区域分布个数

数据来源：根据科技经费投入冗余度测算结果自行统计获得。

从四大投入要素冗余度的横向比较而言，其中，土地投入的平均冗余度最大，进一步说明在我国城市化过程中，土地的城市化速度过快，造成土地资源投入产生极大的浪费，因此，控制城市扩展，提高城市土地的利用效率是提高城市化效率的一条重要途径。其次是劳动力的投入，一个可能的原因是我国在推动城镇化过程中，大量农村剩余劳动力流向城市，大规模的劳动力和较低的劳动力成本创造的人口红利一定程度上抑制了劳动生产率的提高。资本投入排第三，技术的非集约利用程度最低，也就是在我国城市出现了土地利用效率＜劳动力生产率＜资本利用效率＜技术利用效率。技术投入的平均冗余度值远小于土地、劳动、资本的平均冗余度值，也从另一方面可以说明，科技投入还是我国城市化投入的短板，我国城市应进一步加大技术的投入，鼓励创新，用科技武装城市，推动城市化效率的提高。通过计算标准差（公式如下），得出劳动力、资本、土地及技术投入变量的非集约度的标准差分别为0.238183、0.204965702、0.221349309、0.19472，说明劳动力非集约度城市间的分散程度最大，其次为土地，再次为资本，分散程度最小的为技术投入变量。

$$\delta = \sqrt{\frac{1}{n}\sum_{i=1}^{n}(y_i - \bar{y})^2} \qquad (7-1)$$

式（7-1）中，δ 为标准差，主要用于测度我国城市各投入变量非集约度的离散程度。y_i 为城市 i 的非集约度值，$\bar{y}$ 为研究区内城市平均非集约度值，n 为城市个数。

7.3.9.2 我国绿色城市期望产出的不足度现状分析

按照平均不足的0.5倍、1倍和1.5倍对产出的不足度城市进行分类，分为有效型城市，低不足度城市、中度不足城市、高不足度城市及严重不足度城市。

其一，从 GDP 的产出来看，平均不足度为 22.01%，如表7-19 所示，其中，有 139 个城市实现的 GDP 的产出有效，低不足度的城市有 24 个，中度不足的城市有 25 个，高不足度城市有 23 个，严重不足度城市有 71 个，其中，牡丹江市的不足度达到了 135.07%。说明 GDP 产出的主要为有效型和严重不足型两大类，同时也说明，城市间 GDP 产出的不足存在较大的差距。从空间分布来看，严重 GDP 产出不足的城市主要集中在山东、山西、河南一带，部分东部沿海的城市也存在严重不足度的 GDP 产出，还有部分城市分布在东北地区与西南地区，通过计算 Moran I 的值为 0.127717，且通过了 5% 的显著性检验，说明 GDP 的产出不足度存在空间的正相关。

表7-19　　绿色城市 GDP 不足度城市分省域个数统计表

单位：个

省（区、市）	低 GDP 不足度型	中 GDP 不足度型	高 GDP 不足度型	严重 GDP 不足度型	GDP 有效型
安徽省	2	3	0	3	8
北京市	0	0	0	0	1
重庆市	0	0	0	0	1
福建省	1	0	2	1	5
甘肃省	1	1	0	2	7
广东省	1	3	0	6	11
广西壮族自治区	0	0	1	4	8
贵州省	0	1	0	1	2
河北省	0	1	2	3	5
黑龙江省	0	0	1	4	7
河南省	2	0	2	10	3
海南省	0	0	0	0	2
湖北省	1	1	1	2	7
湖南省	0	0	0	2	11
江苏省	2	2	1	2	6
江西省	1	0	0	2	8
吉林省	1	0	0	3	4
辽宁省	2	3	1	3	5
内蒙古自治区	1	0	0	0	8
宁夏回族自治区	0	1	0	0	3
青海省	0	0	0	1	0
山西省	1	2	1	6	1
上海市	0	0	0	0	1
山东省	3	2	0	6	6
陕西省	0	0	2	1	5
四川省	1	3	4	3	7
天津市	0	0	0	0	1
新疆维吾尔自治区	0	0	0	0	2
云南省	0	0	2	2	4
浙江省	2	2	3	4	0

数据来源：根据城市 CDP 产出不足度测算结果自行统计获得。

其二，从社会消费品零售总额来看，平均不足度为 12.68%，达到有效的城市 216 个，低不足度的城市只有 8 个，中度不足的城市有 7 个，高不足度的城市有 8 个，而严重不足的城市为 40 个，其中，克拉玛依的不足度达到了 451.31%，说明大部分城市都实现了社会消费品零售总额产出的有效，城市间的社会消费品零售总额不足存在巨大的差异。从空间分布来看，如表 7－20 所示，严重不足度城市分散的分布在东北地区、西北、西南、中部等地区。通过计算，Moran I 的值为 0.017724，且没有通过 10% 的显著性检验，说明社会消费品零售总额的不足度在空间为随机分布。

表 7－20　　绿色城市社会消费品零售总额不足度城市分省域个数统计表　　　　　单位：个

省（区、市）	低社会消费品零售总额不足度型	中社会消费品零售总额不足度型	高社会消费品零售总额不足度型	严重社会消费品零售总额不足度型	社会消费品零售总额有效型
安徽省	1	1	1	4	9
北京市	0	0	0	0	1
重庆市	0	0		0	1
福建省	2	0	0	1	6
甘肃省	1	1	0	1	8
广东省	1	0	0	1	19
广西壮族自治区	0	1	1	5	6
贵州省	0	1	0	0	3
河北省	1	0	0	2	8
黑龙江省	0	0	0	3	9
河南省	0	1	1	1	14
海南省	0	0	0	0	2
湖北省	2	0	0	0	10
湖南省	1	0	0	3	9
江苏省	1	1	0	2	9
江西省	1	1	0	1	8
吉林省	0	0	0	1	7

省（区、市）	低社会消费品零售总额不足度型	中社会消费品零售总额不足度型	高社会消费品零售总额不足度型	严重社会消费品零售总额不足度型	社会消费品零售总额有效型
辽宁省	0	0	0	5	9
内蒙古自治区	0	0	0	1	8
宁夏回族自治区	0	0	1	1	2
青海省	0	0	0	0	1
山西省	0	0	0	1	10
上海市	0	0	0	0	1
山东省	0	0	0	2	15
陕西省	0	0	0	3	7
四川省	0	0	2	0	16
天津市	1	0	0	0	0
新疆维吾尔自治区	0	0	0	1	1
云南省	0	0	0	1	7
浙江省	0	0	1	0	10

数据来源：根据社会消费品零售总额不足度测算结果自行统计获得。

其三，从地方财政预算内收入产出来看，平均不足度为37.49%，其中，有效型城市为185个，低不足度城市有30个，中度不足型城市有17个，高不足度城市有10个，严重不足度城市有40个，其中，安康市达到907.37%，推高了平均不足度，说明城市间的财政收入产出不足度存在较大的差距。从空间的分布上看，如表7-21所示，严重不足度城市主要分布在西北、西南、东北地区，说明我国东部地区经济更为发达，企业更为活跃。全国各地区为促进地方经济增长，创造就业水平，促进政府收入的增长，纷纷地开展招商引资的竞争，在区位、交通、人才等都不占优势的西北、西南地区，往往采用各种税收、土地的优惠政策吸引企业投资，从而使这些地区在同样的产出的情况下，需要投入了更多的劳动、土地和资本，因此可以说这些地区的政府的税收效率比较低。通过计算，Moran I 值为 0.118349 且通过了 5% 的显著性检验，说明地方财政预算内收入产出不足度值存在空间的正相关，具有空间溢出效应。

表 7－21　　　　绿色城市财政预算收入不足度城市分省域
个数统计表　　　　　　单位：个

省（区、市）	低财政预算收入不足度型	中财政预算收入不足度型	高财政预算收入不足度型	严重财政预算收入不足度型	财政预算收入有效型
安徽省	0	1	1	2	12
北京市	0	0	0	0	1
重庆市	0	0	0	0	1
福建省	1	0	0	0	8
甘肃省	0	1	0	6	4
广东省	2	2	0	0	17
广西壮族自治区	2	2	1	5	3
贵州省	0	0	1	1	2
河北省	0	0	0	1	10
黑龙江省	2	0	0	1	8
河南省	2	0	0	2	12
海南省	0	0	0	0	2
湖北省	3	0	0	2	7
湖南省	1	1	1	0	10
江苏省	0	0	0	0	13
江西省	1	1	0	0	9
吉林省	1	1	1	1	4
辽宁省	0	0	0	0	14
内蒙古自治区	2	0	1	1	5
宁夏回族自治区	0	0	0	1	3
青海省	0	0	0	1	0
山西省	1	0	1	4	5
上海市	0	0	0	0	1
山东省	4	1	0	1	11
陕西省	2	0	1	5	2
四川省	2	3	0	5	8
天津市	0	0	0	0	1

省（区、市）	低财政预算收入不足度型	中财政预算收入不足度型	高财政预算收入不足度型	严重财政预算收入不足度型	财政预算收入有效型
新疆维吾尔自治区	0	1	0	0	1
云南省	0	1	2	1	4
浙江省	4	0	0	0	7

数据业源：根据财政预算收入不足度测算结果自行统计获得。

从期望产出内部分析来看，地方财政预算内收入平均不足度＞GDP平均不足度＞社会消费品零售总额平均不足度，说明期望产出中，我国政府财政收入的效率最低，其次是经济效率，第三为代表社会效益的社会消费品零售总额。GDP、社会消费品零售总额与地方财政收入产出不足度标准差分别为0.290369，0.411983和1.052887。可以看出，社会消费品零售总额与地方财政收入产出不足度存在明显的城市差异，也说明我国城市目前总体发展模式还是追求经济产出的最大化。

7.3.9.3 我国绿色城市非期望产出的冗余度现状分析

其一，从工业废水排放来看，平均冗余度为63.73%，按照平均冗余度的0.5倍以下、0.5~1倍、1~1.5倍、1.5倍以上，把冗余度分为低冗余度型、中度冗余、高冗余度和严重冗余。有效型城市有14个，包括安康市、定西市、固原市、广安市、贵阳市、哈尔滨市、济南市、克拉玛依市、莱芜市、辽源市、莆田市、太原市、西宁市、资阳市。低冗余度型城市有20个，中度冗余型城市64个，高冗余度城市144个，严重冗余型城市7个，可以看出，大部分城市工业废水排放的过度排放。通过计算，Moran I值为0.071974，且通过了5%水平下的显著性检验,说明废水的排放冗余度存在微弱的空间正相关性。通过热点分析进一步探测城市工业废水排放冗余度的集聚区位,通过对其冷热点分析发现,水污染排放热点区域重要分布在黄河与长江的中游河段,冷点区域主要分布在西北地区,珠三角、东北地区等区域。黄河与长江流域的中游河段的水污染问题值得关注。

其二,从工业二氧化硫的排放来看,有效型城市只有梧州市、玉林市2个,平均冗余度为80.71%,说明我国城市工业二氧化硫排放远大于目标值,我国城市普遍存在严重的过度工业二氧化硫排放。由于具有较高的平均冗余度,按照平均冗余度的0.5倍以下、0.5~1倍、1倍以上,将冗余度分为中度冗余、高冗余度和严重冗余度三种类型。中度冗余型城市只有10个,高冗余度城市为80个,严重冗余度城市有157个,也就是大部分的(237个)城市冗余度均在40.36%以上。通过计算,Moran I值为0.111259,且通过了5%水平下的显著性水平检验,说明了工业烟尘排放的冗余度值存在空间的正相关性。通过热点分析进一步探测集聚的位置,热点区域主要在河北—内蒙古—山西—陕西—湖北—河南—山东一带,这一带有我国重要的煤炭资源主产区。冷点区域主要分布在长三角与珠三角及东北地区。

其三,以工业烟尘的排放来看,有效型的城市只有东营市,平均冗余度为88.64%,说明我国城市的工业烟尘排放普遍远远超过目标值。中度冗余城市6个,高冗余度城市64个,严重冗余度城市178个,也就是178个城市工业烟尘的排放量冗余度在平均水平之上,大部分城市(242个)城市的冗余度在44.32%之上。通过计算 Moran I 值为0.127054且通过了5%水平下的显著性检验,说明工业烟尘的排放冗余也存在空间正相关性。进一步通过热点分析发现，冗余的热点区域主要在河北—内蒙古—山西—陕西—湖北—河南—山东一带，而西南沿海城市为冷点区域。工业烟尘排放冗余与工业二氧化硫排放冗余区位分布很相似，说明相比之下，河北—内蒙古—山西—陕西—湖北—河南—山东一带的城市的为空气污染排放严重冗余度集聚区，而西南沿海城市为空气污染排放有效及中度冗余区域，这与我国实际的地区产业特征与产业结构是相符的。

从非期望产出内部分析来看，工业烟尘排放平均冗余度＞工业二氧化硫平均冗余度＞工业废水排放冗余度。工业废水排放、二氧化硫排放、烟尘排放冗余度城市间的标准差分别为0.263536,0.187819 和 0.146626，说明工业烟尘与二氧化硫排放虽然平均冗余度高，但城市间的离散程度小，说明我国整体上都存在严重的空气污染排放冗余的情况，验证了皮尔斯（Pearce，1990）的城市污染阶段论，在城市快速发展阶段，大气污染问题表现突出。

从期望产出与非期望产出来看，相比于城市发展的经济因素，环境因素是目前导致我国城市效率低下的更为重要的因素，从标准差来分析，期望产出的城市间差异大，而非期望产出城市间的差异相对较小，也就是说，我国的城市普遍存在环境的过度排放问题，因此，提高城市绿色发展，向环境污染宣战迫在眉睫。城市投入变量的冗余度、期望产出的不足度与非期望产出的冗余度分析也论证了目前我国的城市发展目前仍是为高投入、高排放、低产出的发展模式。

7.3.9.4　绿色城市投入冗余的时间演化分析

从时间序列的比较来看，如表 7 - 22 及图 7 - 7 所示，

2003～2011年，投入要素的冗余度除技术要素投入外，其他要素整体基本呈现下降的趋势，说明我国城市土地、劳动力、资本的过度消耗问题得到了一定程度的改善。技术冗余度没有明显的改善，2004年、2007年，技术投入冗余度有大幅上升，2003～2011年，我国城市技术费用投入使用效率不高且这一状态并未得到改善。从期望产出的不足度来看，如图7-8所示，2003～2011年，GDP的不足度整体上呈现上升的趋势，一定程度上说明我国城市追求经济产出的最大化的趋势正在改变。2003～2011年，社会消费品零售总额的不足度呈现波动变化，总体而言，社会消费品零售总额的不足度是增加的，究其原因可能是随着社会生活成本的提高，社会保障体系尚未完善，加剧对居民消费的意愿及能力的抑制，消费的不足不利于国民幸福指数的提高。地方财政预算内收入不足度较高且整体呈现上升的趋势，说明我国城市经济运行质量与效益不高的问题并没有得到改善。从非期望产出的冗余度来看，如图7-9所示，废水排放的冗余度下降较为明显，说明近年间，我国城市对污水排放整治方面取得了一定的成效。二氧化硫与烟尘排放也呈现下降的趋势，但下降幅度较小，也说明我国城市空气污染物排放的整治效果并不明显，城市大气污染排放问题较为严峻。可以看出，相比于资源的冗余度，环境的冗余度下降幅度较小。也就意味着，2003～2011年，我国城市在改善高投入的成果要明显优于改善高排放的成果。改革创新环境管理体制机制，推行环境保护市场化，加强对环境的监管和治理，这关系着我国城市发展绿色效率的提高与美丽中国建设目标的实现。如表7-22所示，从资源投入、非期望产出的冗余度产出的不足度横向比较来看，经济总量产出的不足度最低，说明经济产出的不足并不是导致城市绿色效率整体水平不高的主要原因，其原因主要集中在资源的过度消耗和环境污染物过度排放方面，也一定程度上说明我国城市目前总体发展模式还是追求经济产出的最大化。在现有的经济总量产出水平下，如果能进一步减少污染物的排放和降低资源的消耗，我国城市绿色效率将得到大幅的提高。

表7－22　　2003～2011年我国绿色城市投入产出冗余度

单位:%

年份	投入冗余度				期望产出不足度			非期望产出冗余度		
	劳动力	资本	土地	技术	GDP	消费	财政预算收入	废水	二氧化硫	烟尘
2003	81.01	58.19	78.94	45.56	1.82	2.26	14.10	65.49	62.21	62.19
2004	82.53	63.98	82.20	86.47	3.15	5.42	34.02	66.86	69.12	69.02
2005	76.41	56.46	75.26	43.20	3.23	4.28	19.03	57.63	64.57	61.38
2006	73.44	54.67	73.57	42.09	4.42	2.64	31.89	52.89	63.42	59.02
2007	71.82	53.53	74.07	54.43	6.21	3.44	25.26	50.06	65.68	58.10
2008	63.16	46.74	67.05	48.81	46.00	4.18	36.69	43.83	62.57	54.38
2009	62.65	48.77	68.88	48.64	19.37	11.48	34.03	39.57	63.78	55.40
2010	55.83	46.69	63.94	45.21	18.83	6.85	24.97	33.12	59.52	53.30
2011	53.02	42.04	61.95	45.98	19.98	8.43	18.25	29.60	57.26	63.42

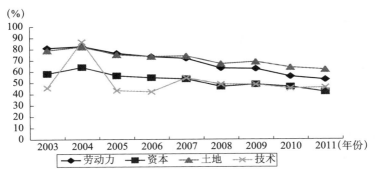

图7－7　2003～2011年绿色城市投入要素冗余度变化趋势

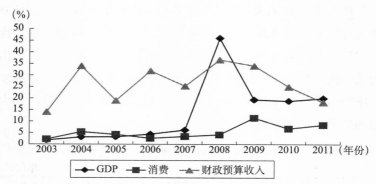

图 7 - 8 2003 ~ 2011 年绿色城市期望产出不足度变化趋势

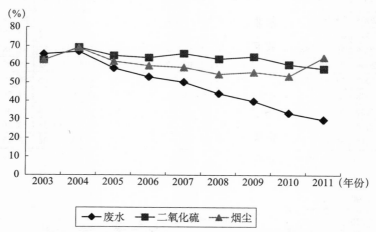

图 7 - 9 2003 ~ 2011 年绿色城市非期望产出冗余度变化趋势

本章小结：由于城市是城市化过程推动的主体，本章对我国的 282 个地级及以上城市效率进行了测度。通过对比包含非期望产出与不包含非期望产出城市效率，得出包含非期望产出加剧了城市效率的分化，城市间的效率差距扩大。在资源环境约束框架下，我国城市综合效率的特征主要有以下特征：

（1）低效率区域主要集中分布在陕—甘—宁—晋—豫—川—渝片区，热点—次热点—中间区—次冷点—冷点有自沿海向内陆推进的空间分布格局。（2）2003 年，规模因素是影响综合效率提高的主要原因，随着城市化快速发展，2011 年，资源的配置效率不高是目前影响我国城市效率提升的主要因素。（3）城市效率空间分布与我国的经济带发展格局一致，西部城市效率问题尤为严重。（4）我国的城市效率没有表现出与行政级别完全一致的格局。（5）我国存在"城市规模效率梯度"。（6）从城市职能类型城市效率分布来看，大型综合性城市平均效率明显高于中小规模为主专业化城市和小型高度专业化城市平均效率。（7）中国长江经济带城市效率分布表现为长江下游＞中游＞上游。（8）从三大城市群城市效率来看，长江三角洲城市群内的城市平均效率高于全国平均水平，但有下降的趋势；珠三角城市群则为我国高效率城市群；京津冀城市群城市效率低于全国城市效率平均水平，推动城市群城市一体化建设迫在眉睫。（9）从城市投入非集约来看，我国城市出现了土地利用效率＜劳动力生产率＜资本利用效率＜技术利用效率。（10）从期望产出的不足来看，我国政府财政收入的效率最低，其次是经济效率，第三为代表社会效益的社会消费品零售总额。（11）从非期望产出的冗余来看，工业烟尘排放平均冗余度大于工业二氧化硫平均冗余度大于工业废水排放冗余度。（12）从期望产出与非期望产出来看，从平均不足度与冗余度分析，相比于城市发展的经济因素，环境因素是目前导致我国城市效率低下的更为重要的因素。

第 8 章

城市化效率提升及推动城市绿色
发展路径分析

　　根据上述对城市化效率以及我国城市的绿色发展研究发现，我国的城市化效率问题很严重，投入大量的资金、劳动力和土地，而实现的城市化水平并不高，而且还有一部分是半城市化，还面临着严峻的环境污染问题，这样低效的城市化在资源环境约束趋紧的形势下是难以支撑、不可持续的。城市化效率的提升要求城市化并不是简单的城市人口比重的增加，而是以节约的资源利用，更友好的环境，实现居民更多的经济效益、社会效益、生态效益的整体提高。提高城市化效率应该选择什么样的路径，这关系着我国城市经济的可持续发展、全面建设小康社会现实目标的实现。总而言之，城市化效率提升路径选择应把握以下依据：一是我国发展方式转变的内在要求。一直以来，我国走的是一条高投入、高消耗、高排放的粗放型发展道路，由此带来了相关的资源耗费与资源短缺、生态环境污染、生活质量下降等一系列的问题，党的十七届五中全会就明确指出，要把转变经济发展方式贯穿于经济社会发展全过程和各领域。发展方式转变的内涵是要求改变传统的粗放型发展模式，以科技的进步和创新为支撑点，以保障和改变民生为出发点和落脚点，以坚持经济结构的调整为方向，建设资源节约型和环境友好型社会，实质是由发展速度向发展质量转变，由粗放模式向集约高效模式转变。二是我国新型城镇化建设的内在要求。新型城镇化旨在改变传统城镇化以牺牲农业、农村、农民、生态环境为代价的发展模式，区别与以往我国在城镇化过程中大规模"造城运动"，推动人口市民化，向以人为本转变，因此，新型城镇化要求实现城乡一体化、产城互动、资源节约集约、生态环境友好、社会和谐安定的城镇化。2013 年 12 月，我国召开中央城镇化工作会议，会议明确提出，"推进农村转移人口市民化，大力提高城镇土地利用效率、城镇建成区人口密度；切实提高能源利用效率，降低能源消耗和二氧化碳排放强度；高度重视生态安全，扩大森林、湖泊、湿地等绿色生态空间比重，增强水源涵养能力和环境容量；不断改善环境质量，减少主要污染物排放总量，控制开发强度，增强抵御和减缓自然灾害能力，提高历史文物保护水平"。会议指明了新型城镇化的发展方向和实践道路，也体现了我国提高城市化效率，发展高质量城市的要求，为我国的城市化指明了一条高效、协调、多元化道路。三是我国改革创新的内在要求。2013 年 12 月，中央经济工作会议指出，2014 年经济工作的核心是坚持稳中求进、改革创新。改革创新是指改掉旧的、不合理的事物，开创新的合理事物，包括制度的改革和技术的创新，代表着社会的进步，提升发展的质量与效率。

集约高效的发展要求城市在发展中坚持人口、资源、环境、经济相互促进、相互制约，人口、资源、环境与经济协调路径要求城市发展以绿色化、可持续和集约化为总标准。基于前文

对城市化与城市投入产出冗余度与不足度的分析及城市化效率
的影响因素的分析，对我国城市化效率的提升路径进行分析。

8.1 强化土地制度改革，提升城市土地利用效率

　　土地资源的集约利用与保护问题，是我国城市化过程中亟
待解决的关键问题。从 20 世纪 80 年代开始，我国城市的面积
扩张速度远远快于城市人口增长速度，大概快了 25%，城市人
口增长了 50%，土地却增加了 75%。从我国的土地资源配置来
看，一般而言，工业用地基本占到了城市建设用地的 20%，但
在一些发达国家，这一比例一般是 10%，例如纽约、东京这样
的发达大城市，工业用地只占到整个城市的 5%。我国很多城
市都出现了产业园区的高空置率，甚至抛荒的现象。地方政府
为了 GDP 的增长及对土地财政的依赖，大力推动房地产经济的
发展，开展疯狂地造城运动。据西南财经大学中国家庭金融调
查与研究中心的调查结果显示，2013 年，我国城镇地区住房空
置率达到 22.4%，而美国的空置率约 1% ~3%，我国香港地区
的空置率低于 5%。我国城市普遍出现的这种土地的粗放利用
模式，出现的城市建设面积脱离需求、脱离规划及脱离配套的
土地利用混乱、失控现象，背后的主导原因是我国现在特有的
土地财政制度。我国呈现的是政府主导的用大量土地出让、土
地抵押、资金投入多种经济行为来推动城市化，地方政府通过
土地获得财政收入，土地的出让及税收等成为城市地方政府最
大的财政收入来源，激励着地方政府一方面大量地征用、占用
农业用地，利用土地优惠政策招商引资成为中国地方政府普

遍采用的做法，另一方面，政府大规模地兴建开发区和工业园区，城市建设用地迅速无序摊大饼式的扩张，在此模式下，则土地利用的低效与非集约性也是必然。1982 年，《宪法》第 10条规定"城市的土地属于国家所有"，尽管我国在 1988 年的《宪法》中进一步调整了《土地管理法》，由土地使用的"无偿、无限期"变为"有偿、有限期"，为土地市场交易确定了法律依据。2004 年，宪法修正案进一步将"土地征收"改为"征收或者征用并给予补偿"，并明确了补偿的标准，但是补偿的成本较低。政府可以通过出让土地与征收土地补偿之间的价格差获得巨大的经济利益，中央政府虽然不断推进土地管理制度的收紧，但在"土地财政"的推动下，地方政府依然寻求规避制度的方法，圈地囤地卖地，城市依然呈现摊大饼式的扩张。简新华指出，我国城市化存在重数量、轻质量的问题，城市开发的过程中面临着大量耕地被侵占、大城市过早郊区化的现象。在"城市土地归国家所有"基础上建立的"土地管理制度"，为我国城市土地利用混乱、粗放低效埋下了隐患，土地利用效率低，说明我国政府土地管理的实效。土地制度的改革是我国经济体制改革的重点（谢涤湘，2012）。我国强化土地制度改革，首先要进行政府职能的转变，改变政府既是土地市场的垄断者，又是土地市场的监督者。政府以土地作为要素和资源直接参与土地市场活动，这显然是政府主导计划经济模式，应使政府职能向土地市场的监管者与服务者转变，加强城市土地利用的市场配置功能，遵循市场主导下的资源要素的自由流动与配置，解决政府功能问题，推动投资型政府向服务型政府转变。其次，改变城乡土地二元利用体制，实现农村集体土地与城市国有土地的"同地、同权、同价"，打破政府垄断征地的制度，有效地控制城市用地的外延无序扩张，控制城市用地的增量，解决城市空间的过度膨胀问题，促进城市用地集约利用。第三，推动各地区的土地资源管理部门科学制定城市土地利用规划及土地出让计划，使其成为土地利用分配的重要工具，城市土地利用规划与土地出让计划一经批准，用地数量和布局不得随意突破规定限制，一定程度上预防土地审批寻租行为。第四，进一步挖掘城市内部存量土地的利用潜力。一方面，加强对城市老城区的改造，另一方面，加强对工业园区与新区土地利用的管理，推动工业园区与新区土地的高效集约利用。

8.2 优化产业结构，提升城市能源等资源利用效率

目前，我国城市内依然存在产业层次水平低、产业结构不合理等问题，高耗能产业是造成城市资源效率不高的重要原因，特别是我国存在的产能过剩问题，由于地方 GDP 主义的驱动，政府利用各种优惠政策盲目鼓励企业扩张产能，高耗能的钢铁、水泥、电解铝、平板玻璃、造船业、船板等产业均出现了严重的产能过剩。据统计，我国的白色家电产能过剩率47%、黑色家电产能过剩率73%、水泥产能过剩率37%、平板玻璃产能过剩率38%、粗钢产能过剩率26%、造船业产能过剩率38%、船板产能过剩率70%、汽车整车产能过剩50%、电解铝产能过剩率超过30%。这些过剩的产业消耗了大量的资源、能源，但是并不能转化为经济与社会效益。随着资源约束的趋紧，高耗能的过剩产业占用了大量的资源，造成资源的浪费，并且会导致

新兴产业的增长受到制约，因此，对现存的产业发展模式提出了严峻的挑战，要求进一步推动产业结构优化升级。首先，通过价格杠杆，倒逼企业淘汰落后产能、实现技术改造提升传统产业、培育新动能，提高我国产业的发展水平，提高我国经济全要素生产率，改善经济质量。其次，通过企业的兼并重组等方式推进产业整合，推动资源的集约与成本的节约。再次，政府在宏观层面上制定推动高新技术产业发展的战略规划，推动城市产业结构的高级化发展。最后，应转变经济发展方式，推进我国循环产业和低碳产业的发展，不断提高资源和能源利用效率。以提高质量和效益为中心，推动传统产业结构的转型和优化升级。

8.3　优化投资环境，推动公共产品投资主体多元化，提升资本利用效率

　　城市化过程中城市的基础设施如道路、公共交通、供水供电等及城市的公共服务设施如社区管理、治安、环境、教育等。这些公共产品的提供都需要巨大的资本投入。政府作为公共产品的提供者，这些产品绝大多数由政府部门或者国有企业垄断经营，缺乏竞争机制，价格也不能反映成本，决策往往属于领导意志决定的"政治型"及"经验型"，缺乏科学性与民主性。同时，也存在一些公共产品政府直接提供过多，将私人资本排除在门槛之外，而且对公共产品投资的监督机制不健全，滋生寻租腐败行为，资本的浪费严重，导致资本的利用效率低下，这也是我国城市化投入过程中，资本效率偏低的原因。改善城

市公共产品的供给问题、提升资本利用效率，是城市化效率提升的重要内容，也是城市化过程中需要解决的现实问题。首先，应强化城市公共产品供给规划，使政府部门与国有企业在提供城市公共产品的过程中决策更具科学性与民主性。其次，打破政府垄断，政府制定准入门槛，优化投资环境，推进公共产品的投资多元化、产权股份化、运营市场化和服务专业化，形成以政府为主，民营企业、社区、第三部门为辅的城市公共经济体制模式。最后，要健全监督机制，尤其是市政财务的监督，有效地减少资本的浪费与低效利用问题。

8.4 提高人口素质，提升人力资源效率

随着城市化的发展，大量农村剩余劳动力流向城市寻求工作机会，但是，由于整体受教育水平较低，文化知识和专业技能水平往往难以跟上现代化建设的要求，只能流入劳动力密集型产业和服务业，这就是我国城市化过程中突出的农民工问题。这是影响我国城市化过程中劳动力效率不高的一个重要因素。当下，我国区域的竞争主要表现为产业竞争与城市形态竞争，归根到底还是人才的竞争。一是要加强对转移劳动力的技能培训与再教育，以适应城市发展的需要。二是鼓励城市制定人才发展规划及人才发展战略布局。三是加大人才投入，营造人才良好发展环境，特别是要重视发挥青年人才的引领作用，推动城市创新发展。有效地提高城市人口素质，推动劳动生产率的提升。

8.5　加强城市环境的管理与治理，降低城市污染排放

城市化过程中城市污染过度排放问题是导致城市化效率不高的重要因素，加强城市环境的管理与治理显得尤为重要。一是加强城市环境管制，采用"负面清单管理模式"，实行严格的环境准入制度，一方面，控制重工业化等高耗能高排放的企业无序进入城市，对于一些已有的高排放的企业，通过严格的项目环评、环境准入和有效的奖惩激励，倒逼和引导企业不断加快科技创新与升级，推进高排放企业彻底退出；另一方面，要防控东部地区一些高能耗、高排放的产业逐步向中、西部地区城市的转移。二是进一步提高城市环境保护规划的地位。我国在城市建设中的一个突出问题就是城市环境保护规划与城市规划并没有同步落实，在发展与环境的两难抉择中，并没有对环境有足够的重视，导致近些年来，我国城市环境问题突出，反过来进一步制约城市的发展。应把城市环境规划作为制定城市发展规划和经济发展计划的基础，加强环境与经济统筹协调。三是完善城市环境基础设施建设，发挥政府对环境基础设施投入的主导作用，同时，推动基础设施投资主体多元化，提升环境基础设施的建设水平和运营效率。四是倡导城市居民绿色生活方式。居民作为城市生活的主体，居民的生活方式同样对环境产生巨大的影响，如汽车等交通工具排放的尾气已经成为我国一些大城市空气污染的主要来源。加强居民绿色环保意识，绿色发展，人人有责，人人共享。这就需要居民形成绿色发展

的思维，具有节约、集约意识，倡导居民小到减少甚至拒绝使用一次性用品、随手关灯、乘坐公共交通等行为，大到购买节能高效汽车、家电等环保用品，使绿色居住、绿色出行、绿色消费成为居民的自觉行动。

8.6 推行城市产城融合发展模式，推动城市绿色高效发展

产城融合的理念是推动城市功能与产业发展良性互动，是通过统一规划设计及建设开发和经营管理上的统一，来满足人们对于现代城市宜商、宜业、宜居、宜人的需求和要求，从而形成多功能、高效率且在形式上具有多样性而内容上具有统一性的综合系统，以达到产业、城市、人之间有活力、持续向上发展的模式（见图 8 - 1）。

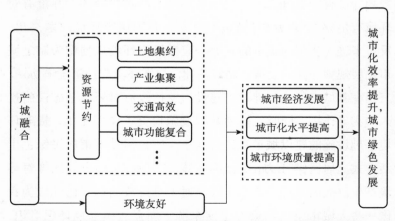

图 8 - 1 产城融合推动城市化效率提升与城市绿色发展路径分析

通过产城融合规划实现居民和社区的利益的根本目的即提高家庭收入和财富，改善并获得优质教育，培育宜居、安全和健康的居住环境，刺激经济活动（包括本地和区域），发展和保护当地资源。产城融合理念具有以下特征：

功能复合。这与精明增长的混合利用土地原则用有相通之处，功能复合是指产业、居住、商业、商务、娱乐、游憩等多种功能的混合，依托城市完善的功能，打造宜居宜业宜商宜游的环境，使社区充满活力。

职住平衡。这是对精明增长的创造多种住房选择与创造可步行的邻里社区原则的综合，按照职住平衡的理念，大部分居民可以就近上班，可以有效地缩短通勤距离，居民可以减少对汽车的使用和选择步行、自行车等非机动车上班，可以减少交通的拥堵和因大量机动车的使用而产生的环境污染，而且可以提高城市运转效率。

空间融合。是对精明增长的紧凑型建筑设计与加强和再开发现有的社区进一步升华，改变以往我国大部分城市存在的各功能空间相互隔离的空间布局。实现城市的紧凑型发展，而且居住、产业、服务、绿地等空间实现相互间的有机融合。

配套完善。由于长期存在的二元结构体制，大量的农村人口涌入城市工作和生活，但并不能成为城市居民，城市规划配套设施也往往是以城市居民人口为依据，因此，给城市的配套设施造成巨大的压力，很多城市的配套设施都难以满足需求。配套完善的原则要求既要考虑生产性服务设施，也要考虑生活性服务设施。

绿色生态。绿色生态原则包括了绿色交通和绿色经济的理念。一是城市交通的"绿色性"。与精明增长多样化的交通选择原则相通，建立方便出行的交通网络，减少对于小汽车的依赖，减少停车场建设，扭转传统的城市"摊大饼"用地模式，进行城市空间结构的"瘦身"，通过产城融合规划实现居民日常通勤交通以自行车和步行为主，远距离出行以轨道交通、公交为主，减少环境污染，提高城市效率。二是发展绿色经济。产城融合的实现，要以良好的生态环境作为保障。必须强化循环经济、绿色经济的理念，绿色经济是以效率、和谐、持续为发展目标，以生态农业、循环工业和持续服务产业为基本内容的经济结构、增长方式和社会形态。

8.7　建立健全绿色绩效考核评估体系

长期以来，传统 GDP 是各级官员和干部政绩考核的硬指标，在各级政府普遍要 GDP 以及无需承担由此而造成的资源环境责任的形势下，出现用绿色青山换金山银山的现象也是必然。我国政府应在绿色发展的理念与战略指导下，建立健全绿色发展绩效考核评估体系，考核体系应纳入城市资源的消耗指数、环境的改善指数、城市居民幸福指数等指标。进一步优化细化考核指标，使考核指标具有科学性与可操作性，同时，应建立健全党政干部环境损害追责制度，矫正发展的价值取向，使得各级地方政府有推动绿色发展的意愿与动机。

8.8　加强市场为主导地位，市场主导与政府推动相结合

　　我国城市化效率低下的一个重要原因是政府职能的错位，我国的城市化不是以市场为基础推进，而是存在政府干预市场，甚至在一些领域取代市场来配置资源，政府的主导因素大于市场因素。在我国城市化发展过程中，由于受领导人、决策者对于政治稳定和政治风险的考虑以及对市场机制的忽略，我国政府尚未完全从计划经济体制模式中退出，在经济领域存在着"越位"现象，以及在公共领域、市场失灵领域存在"缺位"现象。简新华认为，城市化过程中会产生很多的公共问题，如基础设施、公共服务设施等公共产品的提供，还有集中污染排放等负外部性问题，这些问题难以通过市场机制得到有效解决，需要政府进行合理干预、协调与管理，发挥政府在城市化进程中的积极作用。我国"强政府、弱社会"的特征仍然明显，存在一系列的户籍制度改革迟缓、土地制度不健全、社会保障体系存在重大缺口等体制问题，制度改革中的许多举措仍是"头痛医头、脚痛医脚"权宜之策，缺乏全面系统的改革。体制的合理与有效在很大程度上影响了城市化效率的提升，政府体制的改革是推动我国城市化健康、有序的基本前提和动力源泉。在城市化过程中，对于存在的政府"错位""越位""缺位"等现象，都是没有处理好政府行为与市场配置的关系，因此，进一步深化政府体制机制改革，推动市场主导与政府推动相结合，市场主导与政府推动结合的路径是指发挥市场的基础性地位，

城市的发展要根据市场选择，以市场规律为主导，实现资源的高效配置，调整和优化经济运行结构，促进经济效率的提高。政府推动相结合是指政府通过战略规划、政策制定、公共服务、社会管理等方式，维持与整合社会系统的秩序、功能，开展文化、教育、卫生、社会保障、环境保护、污染防治等公共事业，从而促进城市社会效益和生态效益的提高，同时，也可以间接地推动经济向着集约化方向发展。

参考文献

［1］张占斌．李克强总理城镇化思路解析［J］．人民论坛，2013（7）：28－31．

［2］谢涛．我国经济增长方式转变的路径［J］．财经科学，1996（1）：27－29．

［3］刘秉镰，李清彬．中国城市全要素生产率的动态实证分析：1990—2006 基于 DEA 模型的 Malmquist 指数方法［J］．南开经济研究，2009（3）：139－152．

［4］文启湘，李金铠．经济增长的环境成本：从忽略到发掘——兼论环境友好型社会构建［J］．消费经济，2006，22（5）：51－54．

［5］黎文．未来中国的 10 亿城市人口［N］．文汇报，2013－2－18．

［6］杨庆．投资蓝皮书：中国投资发展报告（2013）［R］．北京：社会科学文献出版社，2013（5）：108．

［7］易纲，樊纲，李岩．关于中国经济增长与全要素生产率的理论思考［J］．经济研究，2003（8）：13－21．

［8］范子英，张军．财政分权与中国经济增长的效率——基于非期望产出模型的分析［J］．管理世界，2009（7）：

15 - 26.

[9] 世界银行. 年度报告 2013 [R]. 北京：经济出版社，2013：1 - 63.

[10] 张欢，成金华. 中国能源价格变动与居民消费水平的动态效应——基于 VAR 模型和 SVAR 模型的检验 [J]. 资源科学，2011，33 (5)：806 - 813.

[11] 蒲英霞，葛莹等. 基于 ESDA 的区域经济空间差异分析——以江苏省为例 [J]. 地理研究，2005，24 (6)：965 - 964.

[12] 王嗣均. 城市效率差异对我国未来城镇化的影响 [J]. 经济地理，1994 (1)：46 - 52.

[13] 张明斗. 中国城市化效率的时空分异与作用机理 [J]. 财经问题研究，2013 (10)：103 - 111.

[14] 王家庭，赵亮. 我国区域城市化效率的动态评价 [J]. 软科学，2009，23 (7)：92 - 98.

[15] 戴永安. 中国城市化效率及其影响因素——基于随机前沿生产函数的分析 [J]. 数量经济技术经济研究，2010 (12)：103 - 119.

[16] 陶小马，谭婧，陈旭. 考虑自然资源要素投入的城市效率评价研究——以长三角地区为例 [J]. 中国人口资源与环境，2013，23 (1)：143 - 154.

[17] 钱鹏升，李全林，杨如树. 淮海经济区城市效率时空格局分析 [J]. 云南地理环境研究，2010，22 (3)：52 - 58.

[18] 熊磊. 云南地级市以上城市发展效率研究：2001 ~ 2006 [J]. 经济问题探索，2009 (1)：161 - 167.

[19] 胡斌，章仁俊，邵汝军. 基于改进的 DEA 的江苏各

城市经济运行系统效率分析［J］. 统计与决策，2005（2）：68-69.

［20］杨青山，张郁，李雅军. 基于 DEA 的东北地区城市群环境效率评价［J］. 经济地理，2012，32（9）：51-56.

［21］张庆民，王海燕，欧阳俊. 基于 DEA 的城市群环境投入产出效率测度研究［J］. 中国人口资源与环境，2011，21（2）：18-23.

［22］李郇，徐现祥，陈浩辉. 20 世纪 90 年代中国城市效率的时空变化［J］. 地理学报，2005，60（4）：615-625.

［23］潘竟虎，尹君. 中国地级及以上城市发展效率差异的 DEA-ESDA 测度［J］. 经济地理，2012，32（12）：53-60.

［24］邵军，徐康宁. 我国城市的生产率增长、效率改进与技术进步［J］. 数量经济技术经济研究，2010（1）：58-66.

［25］郭腾云，徐勇，王志强. 基于 DEA 的中国特大城市资源效率及其变化［J］. 地理学报，2009，64（4）：408-416.

［26］席敏强. 城市效率与城市规模关系的实证分析——基于 2001-2009 年我国城市面板数据［J］. 经济问题，2012（10）：37-41.

［27］孙威，董冠鹏. 基于 DEA 模型的中国资源型城市效率及其变化［J］. 地理研究，2010，29（12）：2155-2165.

［28］袁晓玲，张宝山，张小妮. 基于超效率 DEA 的城市效率演变特征［J］. 城市发展研究，2008，15（6）：102-106.

［29］俞立平，周曙东，王艾敏. 中国城市经济效率测度研究［J］. 中国人口科学，2006（4）：51-56.

［30］张晓瑞，宗跃光. 城市开发的资源利用效率测度与评价——基于 30 个省会城市的实证研究［J］. 中国人口资源

与环境，2010，20（5）：95－101.

[31] 李杰，谢洪燕. 基于 DEA 模型的长江流域城市生态经济发展分析 [J]. 生态经济，2008（9）：85－88.

[32] 付丽娜，陈晓红，冷智花. 基于超效率 DEA 模型的城市群生态效率研究——以长株潭"3 + 5"城市群为例[J]. 中国人口资源与环境，2013，23（4）：169－175.

[33] 袁鹏，程施. 中国城市工业环境效率度量与分析 [J]. 大连理工大学学报（社会科学版），2010，31（4）：31－36.

[34] 张良悦，师博，刘东. 中国城市土地利用效率的区域差异——对地级以上城市的 DEA 分析 [J]. 经济评论，2009（4）：18－26.

[35] 吴得文，毛汉英，张小雷等. 中国城市土地利用效率评价 [J]. 地理学报，2011（8）：1111 － 1121.

[36] 李娟，李建强，吉中贵等. 基于超 DEA 模型的成都市城市土地利用效率评价 [J]. 资源与产业，2010，12（2）：40－45.

[37] 宋树龙，孙贤国，单习章. 论珠江三角洲城市效率及其对城市化影响 [J]. 地理学与国土研究，1999，15（3）：34－38.

[38] 刘兆德，陈国忠. 山东省城市经济效率分析[J]. 域研究与开发，1998，17（1）：44－48.

[39] 朱庆芳. 全国 188 个大中城市社会经济发展水平综合评价 [J]. 城市问题，1996（1）：38－42.

[40] 张麟，刘光中，王绥，颜科琦. 城市系统效率的差异及对我国城市化进程的影响 [J]. 软科学，2001，15（3）：65－67.

［41］李双杰，范超. 随机前沿分析与数据包络分析方法的评析与比较［J］. 统计与决策，2009（7）：25－28.

［42］唐枢睿. 基于 SFA 的我国五大煤炭城市效率估计［J］. 经济师，2011（5）：51－52.

［43］侯强，王晓莉，叶丽绮. 基于 SFA 的辽宁省城市技术效率差异分析［J］. 沈阳工业大学学报（社会科学版），2008，1（3）：230－234.

［44］徐中民，程国栋，张志强. 生态足迹分析方法：可持续定量研究的新方法——以张掖地区 1995 年的生态足迹计算为例［J］. 生态学报，2001，21（9）：1484－1493.

［45］周国华，彭佳捷. 长株潭城市群生态足迹测算［J］. 湖南师范大学自然科学学报，2009，32（3）：95－100.

［46］郭秀锐，杨居荣，毛显强. 城市生态足迹计算与分析——以广州为例［J］. 地理研究，2003，22（5）：654－663.

［47］王群伟，周德群，王思斯. 考虑非期望产出的区域能源效率评价研究［J］. 中国矿业，2009，18（9）：36－40.

［48］李静，程丹润. 基于 DEA-SBM 模型的中国地区环境效率研究［J］. 合肥工业大学学报（自然科学版），2009，32（8）：1208－1211.

［49］杨开忠，谢燮. 中国城市投入产出有效性的数据包络分析［J］. 地理学与国土研究，2002，18（3）：45－47.

［50］艾本·佛多著. 吴唯佳译. 更好，不是更大［M］. 北京：清华大学出版社，2012.

［51］Hank V.，Paul Kantor 著. 叶林译. 国际市场中的城市·北美和西欧城市发展的政治经济学［M］. 上海：格致出版社，2013.

［52］Doyle. D. 著，陈贞译．美国的密集化和中产阶级化发展——"精明增长"纲领与旧城倡议者的结合［J］．国外城市规划，2002（3）：2-9.

［53］夏骥．对上海郊区产城融合发展的思考［J］．城市，2011（12）：58-61.

［54］杨玉珍．城市增长管理理念下的资源环境约束与缓解路径［J］．河南师范大学学报（哲学社会科学版），2013，159（40）：57-60.

［55］陈锦富，任丽娟，徐小磊．李新延城市空间增长管理研究述评［J］．规划研究，2009，33（10）：1-6.

［56］翁羽．城市增长管理理论及其对中国的借鉴意义［J］．城市，2007（4）：53-57.

［57］蒋芳，刘盛和，袁弘．城市增长管理的政策工具及其效果评价［J］．城市规划学刊，2007（1）：33-38.

［58］庄悦群．美国城市增长管理实践及其对广州城市建设的启示［J］．探求，2005（2）：62-67.

［59］吴冬青，冯长春，党宁．美国城市增长管理的方法与启示［J］．城市问题，2007（5）：86-91.

［60］陈爽，姚士谋．吴剑平．南京城市用地增长管理机制与效能［J］．地理学报，2009，64（4）：487-497.

［61］马强，徐循初．"精明增长"策略与我国的城市空间扩展［J］．城市规划汇刊，2004（3）：16-23.

［62］梁鹤年．精明增长［J］．城市规划学刊，2005，29（10）：65-69.

［63］罗伯特·瓦特森．中国城市发展需要"理性增长"［J］．中华建设，2006（6）：16-19.

［64］诸大建，刘冬华．管理城市成长：精明增长理论及对中国的启示［J］．同济大学学报（社会科学版），2006，17（4）：22－28.

［65］张娟，李江风．美国"精明增长"对我国城市空间扩展的启示［J］．城市管理与科技，2006，8（5）：203－206.

［66］王丹，王士君．美国"新城市主义"与"精明增长"发展观解读［J］．国际城市规划，2007，22（2）：61－66.

［67］李雪梅，张志斌．基于"精明增长"的城市空间扩展——以兰州市为例［J］．干旱区资源与环境，2008，22（11）：108－113.

［68］张道刚．产城融合的新理念［J］．决策，2011（1）：1.

［69］许健，刘璇．推动产城融合，促进城市转型发展——以浦东新区总体规划修编为例［J］．上海城市规划，2012（1）：13－17.

［70］李朝阳，张晓．"产城一体"视野下的多元交通困局破解［J］．上海城市管理，2012（5）：23－28.

［71］刘荣增，王淑华．城市新区的产城融合［J］．城市问题，2013（6）：18－22.

［72］李文彬，陈浩．产城融合内涵解析与规划建议［J］．城市规划汇刊，2012（7）：99－103.

［73］孔祥，杨帆．产城融合发展与开发区的转型升级——基于对江苏昆山的实地调研［J］．经济问题探索，2013（5）：124－128.

［74］刘晨宇，袁媛．平舆县产城融合发展理念的规划探索［J］．工业建筑，2011，41（7）：54－58.

［75］李学杰．城市化进程中对产城融合发展的探析［J］.

经济师, 2012 (10): 43 - 44.

[76] 卫金兰, 邵俊岗. 产城融合研究述评 [J]. 特区经济, 2014 (2): 81 - 82.

[77] 周一星, 城市化与国民生产总值关系的规律性探讨 [J]. 人口与经济, 1982 (1): 28 - 33.

[78] 宋永昌, 由文辉, 王祥荣. 城市生态学 [M]. 上海: 华东师范大学出版社, 2000.

[79] 顾朝林. 论中国当代城市化的基本特征 [J]. 城市观察, 2012 (3): 12 - 19.

[80] 勒施著. 王守礼译. 经济空间秩序 [M]. 北京: 商务印书馆, 2010.

[81] Fujita, Krugman, Venables 著. 梁琦译. 空间经济学——城市、区域与国际贸易 [M]. 北京: 中国人民大学出版社, 2013.

[82] 陈良文, 杨开忠. 集聚经济的六类模型: 一个研究综述 [J]. 经济科学, 2006 (2): 107 - 117.

[83] 亚当·斯密著, 郭大力, 王亚楠译. 国富论 [M]. 南京: 译林出版社, 2011: 325.

[84] 徐雪梅, 王燕. 城市化对经济增长推动作用的经济学分析 [J]. 城市发展研究, 2004, 2 (11): 48 - 52.

[85] 严红. 中国西部地区城市化发展战略转型研究[J]. 经济问题探索, 2013 (2): 69 - 74.

[86] 白南生. 关于中国城市化 [J]. 中国城市经济, 2003 (4): 7 - 13.

[87] 简新华, 何志扬, 黄锟. 中国城镇化与特色城镇化道路 [M]. 济南: 山东大学出版社, 2010.

［88］白南生．中国的城市化［J］．管理世界，2003（11）：78-97.

［89］李秀敏，赵晓旭，朱艳艳．中国东、中、西部城镇化对经济增长的贡献［J］．重庆工商大学学报（西部论坛），2007，1（17）：69-74.

［90］朱孔来，李静静，乐菲菲．中国城镇化进程与经济增长关系的实证研究［J］．统计研究，2011（9）：80-88.

［91］姜爱林．城镇化水平的五种测算方法分析［J］．中央财经大学学报，2002（8）：76-80.

［92］钱珍．经济增长、居民消费与保险发展的长期联动效应分析—基于VAR模型和脉冲响应函数的研究［J］．统计与信息论坛，2008，7（23）：50-54.

［93］高铁梅，孔宪丽，刘玉，胡玲．中国钢铁工业供给与需求影响因素的动态分析［J］．管理世界，2004（6）：73-81.

［94］李璐．由"先有鸡还是先有蛋"谈起——格兰杰因果检验［J］．中国统计，2012（1）：29.

［95］刘红梅，张忠杰，王克强．中国城乡一体化影响因素分析——基于省级面板数据的引力模型［J］．中国农村经济，2012（8）：4-15.

［96］宋慧林，宋海岩．中国旅游创新与旅游经济增长关系研究——基于空间面板数据模型［J］．旅游科学，2011，2（25）：23-29.

［97］王锐淇，张宗益．区域创新能力影响因素的空间面板数据分析［J］．科研管理，2010，5（31）：17-27.

［98］沈体雁，冯等田，孙铁山．空间计量经济学［M］．

北京：北京大学出版社，2010.

　　[99] 陈波翀，郝寿义. 自然资源对中国城市化水平的影响研究 [J]. 自然资源学报，2005，20（3）：394-399.

　　[100] 张敬淦. 中国城市化进程中的资源短缺问题 [J]. 城市问题，2008（1）：5.

　　[101] 李景. 城市缺水困境待解 [N]. 经济日报，2014-5-26（14）.

　　[102] 王家庭，赵晶晶. 资源对城市化进程约束的理论分析与对策探讨 [J]. 城市，2008（6）：28-33.

　　[103] 吴璞周，卫海燕，杨芳. 城市化水平与城市资源压力关系研究——以西安市为例 [J]. 城市问题，2008（1）：40-44.

　　[104] 高新才，王芳. 城市化发展水平对城市资源压力的影响研究——以兰州市为例 [J]. 兰州大学学报（社会科学版），2012，40（4）：127-131.

　　[105] 刘耀彬，陈斐. 中国城市化进程中的资源消耗"尾效"分析 [J]. 中国工业经济，2007（11）：48-55.

　　[106] 王家庭，曹清峰，赵晶晶. 自然资源对中国城市化的约束：基于31省区面板数据的实证研究 [J]. 现代城市研究，2012（7）：29-35.

　　[107] 王伟同，褚志明. 辽宁省城市化进程的能源约束"尾效"研究 [J]. 东北财经大学学，2012（2）：30-35.

　　[108] 薛俊波，王铮，朱建武，吴兵. 中国经济增长的"尾效"分析 [J]. 财经研究，2004，30（9）：5-14.

　　[109] 喻德坚，喻葵. 宏观经济学 [M]. 武汉：华中科技大学出版社，2009：144-149.

　　[110] 戴维·罗默著，吴化斌，龚关译. 高级宏观经济学

［M］. 上海：上海财经大学出版社，2014.

［111］方创琳. 中国快速城市化过程中的资源环境保障问题与对策建议［J］. 中国科学院院刊，2009，24（5）：468－474.

［112］卢丽文，张毅，李永盛. 中国人口城镇化影响因素研究——基于 31 个省域的空间面板数据［J］. 地域研究与开发，2014，3（6）：54－59.

［113］汪光焘. 中国城市状况报告 2012/2013［R］. 北京：外文出版社，2012：1－89.

［114］赵细康，李建民，王金营，周春旗. 环境库兹涅茨曲线及在中国的检验［J］. 南开经济研究，2005（3）：48－54.

［115］世界银行. 年度报告 2007［R］. 北京：经济出版社，2007：1－63.

［116］瞿鸿雁. 我国城市环境污染问题与对策思考［J］. 经济视角，2011（5）：117－118.

［117］仇保兴. 我国城市水安全现状与对策［J］. 给水排水. 2014，40（1）：1－12.

［118］张学刚. 外部性理论与环境管制工具的演变与发展［J］. 资源环境与发展，2009（3）：4－7.

［119］彭水军；包群. 经济增长与环境污染——环境库兹涅茨曲线假说的中国检验［J］. 财经问题研究，2006（8）：3－17.

［120］陈石清，蔡珞珈. 环境库兹涅茨曲线假说及其在中国的检验［J］. 生态经济，2007（9）：68－72.

［121］冯俊新. 经济发展与空间分布：城市化、经济集聚

和地区差异［M］．北京：中国人民大学出版社，2012.

　　［122］李金滟．城市集聚：理论与证据［D］．武汉：华中科技大学，2008.

　　［123］刘耀彬．区域城市化与生态环境耦合特征及机制——以江苏省为例［J］．经济地理，2006，26（3）：456－462.

　　［124］李姝．城市化、产业结构调整与环境污染［J］．财经问题研究，2011（6）：38－43.

　　［125］王家庭，赵丽，孙哲，王璇．我国区域城市化与环境污染关系的空间计量研究［J］．城市观察，2013（3）：383－393.

　　［126］杜江，刘渝．城市化与环境污染：中国省际面板数据的实证研究［J］．长江流域资源与环境，2008，17（6）：825－830.

　　［127］王瑞鹏，王朋岗．城市化、产业结构调整与环境污染的动态关系——基于 VAR 模型的实证分析［J］．工业技术经济，2013（1）：26－31.

　　［128］吴敬琏．我国城市化面临的效率问题和政策选择［J］．新金融，2012，12（285）：04－07.

　　［129］孙东琪等．长江三角洲城市化效率与经济发展水平的耦合关系［J］．地理科学进展，2013，32（7）：1060－1071.

　　［130］张明斗，周亮，杨霞．城市化效率的时空测度与省际差异研究［J］．经济地理，2012，32（10）：42－48.

　　［131］肖文，王平．我国城市经济增长效率与城市化效率比较分析［J］．城市问题，2011（2）：12－16.

　　［132］朱承亮，安立仁，师萍，岳宏志．节能减排约束下我国经济增长效率及其影响因素——基于西部地区和非期望产

出模型的分析 [J]. 中国软科学, 2012 (4): 106 - 116.

[133] 王燕, 谢蕊蕊. 能源环境约束下中国区域工业效率分析 [J]. 中国人口资源与环境, 2012, 22 (5): 114 - 119.

[134] 宋马林, 王舒鸿, 刘庆龄, 吴杰. 一种改进的环境效率评价 ISBM-DEA 模型及其算例 [J]. 系统工程, 2010, 28 (10): 91 - 96.

[135] 王喜平, 姜晔. 基于非期望产出和环境管制的省际能源效率研究 [J]. 工业技术经济, 2011 (11): 139 - 145.

[136] 张军, 章元. 对中国资本存量 K 的再估计 [J]. 经济研究, 2003 (7): 35 - 43.

[137] 许锋, 周一星. 科学划分我国城市的职能类型建立分类指导的扩大内需政策 [J]. 城市问题, 2010, 17 (2): 88 - 97.

[138] 林先扬, 陈忠暖, 蔡国田. 国内外城市群研究的回顾与展望 [J]. 热带地理, 2003, 23 (1): 44 - 49.

[139] 方创琳, 关兴良. 中国城市群投入产出效率的综合测度与空间分异 [J]. 地理学报, 2011, 66 (8): 1011 - 1022.

[140] Henderson J. 中国的城市化: 面临的政策问题与选择 [J]. 城市发展研究, 2007, 14 (4): 32 - 41.

[141] 牟玲玲, 吕丽妹, 安楠. 新型城镇化效率演化趋势及其原因探析——以河北省为例 [J]. 经济与管理, 2014, 28 (4): 91 - 97.

[142] Asian Development Bank. Green Urbanization in Asia [R]. Philippines: Asian Development Bank, 2012: 29.

[143] Alonso, W. The Economics of Urban Size [R]. Papers of the Regional Science Association, 1971 (26): 71 - 83.

[144] Sveikauskas, L, The Productivity of Cities [J]. The Quarterly Journal of Economics, 1975, 89 (3): 393 –413.

[145] Reny P, Chang-Woo Lee. Size, Sprawl, Speed and the Efficiency of Cities [J]. Urban Studies, 1993, 36 (11): 1849 –1858.

[146] Charnes A, Cooper W, Susan L. Using data envelopment analysis to evaluate efficiency in the economic performance of Chinese cities [J]. Socio-Economic Planning Sciences, 1989 (23): 325 –344.

[147] Patricia E. Byrnes, James E. Efficiency gains from regionalization: economic development in China revisited [J]. Socio-Economic Planning Sciences, 2000 (34): 141 –154.

[148] Zhu J. Data Envelopment Analysis vs Principal Component Analysis: An Illustrative Study of Economic Performance of Chinese Cities [J]. European Journal of Operational Research, 1998 (111): 50 –61.

[149] Sung-Jong K. Productivity of Cities [M]. England: Ashgate Publish Ltd. 1997: 49 –53.

[150] Toshiyuki S. Measuring the industrial performance of Chinese cities by data envelopment analysis [J]. Socio-Economic Planning Sciences, 1992, 26 (2): 75 –88.

[151] Pina V, Torres L. Analysis of the efficiency of local government services delivery, an application to urban public transport [J]. Transportation Research Part A , 2001 (35): 929 –944.

[152] Tongzon J. Efficiency measurement of selected Australian and other international ports using data envelopment analysis [J].

Transportation Research Part A, 2001 (35): 107 - 122.

[153] Worthington A. Performance Indicators and Efficiency Measurement in Public Libraries [J]. Australian Economic Review, 1999, 32 (1): 31 - 42.

[154] Barros C. The City and the Police Force: Analyzing Relative Efficiency in City Police Precincts with Data Envelopment Analysis [J]. International Journal of Police Science and Management. 2007, 9 (2): 164 - 182.

[155] Drake L, Simper R. Productivity Estimation and the Size-Efficiency Relationship in English and Welsh Police Forces: An Application of DEA and Multiple Discriminate Analysis [J]. International Review of Law and Economics 2000, 20 (1): 53 - 73.

[156] Garcia-Sanchez I. Efficiency Measurement in Spanish Local Government: The Case of Municipal Water Services [J]. Review of Policy Research, 2006, 23 (2): 355 - 371.

[157] Mante B, Greg O. Efficiency Measurement of Australian Public Sector Organization: The Case of State Secondary Schools in Victoria [J]. Journal of Educational Administration 2002, 40 (3): 274 - 296.

[158] Moore A, James N, Geoffrey F. Putting Out the Trash: Measuring Municipal Service Efficiency in U. S. Cities Urban AffairsReview [J]. 2005, 41 (2): 237 - 259.

[159] Charnes A, Copper W, Rhodes E. Measuring the efficiency of decision-making units [J]. European Journal of Operational Research, 1978 (2): 429 - 444.

[160] Alireza A, Sohrab K, Maryam S. Modeling undesira-

ble factors in data envelopment analysis ［J］. Applied Mathematics and Computation, 2006 (180): 444 – 452.

［161］ Pankaj C, William W, Cooper et al. Using DEA To evaluate 29 Canadian textile companies-Considering returns to scale ［J］. Production Economics , 1998 (54): 129 – 141.

［162］ Ramon S, Francesc H, Maria M. Assessing the efficiency of wastewater treatment plants in an uncertain context: a DEA with tolerances approach ［J］. Enviromental Science &Policy, 2012 (12): 33 – 44.

［163］ Reinhard S, Lovell C, Thijssen G. Environmental efficiency with multiple environmentally detrimental variables: Estimated with SFA and DEA ［J］. European Journal of Operational Research, 2000, 121 (2): 287 – 303.

［164］ Fare R, Grosskopf S, Lovell C, et al. Multilateral productivity comparisons when some outputs are undesirable: a nonparametric approach ［J］. The Review of Economics and Statistics 1989 (71): 90 – 98.

［165］ Hailu. Non-parametric productivity analysis with undesirable outputs: An appliction to the Canadian pulp and paper industry ［J］. American Journal of Agricultural Economics, 2001, 83 (3): 805 – 816.

［166］ Scheel H. Undesirable outputs in efficiency evaluation ［ J ］ . European Journal of Operational Research, 2001 (132): 400 – 410.

［167］ Seiford L, Zhu J. Modeling undesirable factors in efficiency evaluation ［J］. European Journal of Operational Research,

2002 （142）： 16 - 20.

[168] Fare R, Grosskopf S, Pasurka A. Environmental production functions and environmental directional distance functions [J] . Energy, 2006 （9）： 1 - 12.

[169] Chinitz B. Growth Management： Good for the Town, Bad for the Nation [J] . Journal of American Planning Association, 1990, 56 （1）： 3 - 9.

[170] Porter D. Managing Growth in America's Communities [M] . Washington DC： Island Press, 1997.

[171] Bollens S. State growth management： intergovernmental frameworks and policy objectives [J] . Journal of the American Planning Association, 1992 （58）： 454 - 466.

[172] Nelson A. Comparing states with and without growth management analysis based on indicators with policy implications comment [J] . Land Use Policy, 1999, 17 （4）： 349 - 355.

[173] Ben-Zadok E. Consistency, concurrency and compact development： three faces of growth management implementation in-Florida [J] . Urban Studies, 2005 （42）： 2167 - 2190.

[174] Yin, M. and Sun, J. The impacts of State Growth Management Programs on Urban Sprawl in the 1990s [J] . Journal of Urban Affairs, 2007, 29 （2）： 149 - 179.

[175] Marlon G, Ralph B, John I. Does state growth management change the pattern of urban growth? Evidence from Florida [J] . Regional Science and Urban Economics, 2011 （41）： 236 - 252.

[176] Miller J, Hoel L. The "smart growth" debate： best practices for urban transportation planning [J] . Socio-Economic

Planning Sciences, 2002, 36 (1): 1-24.

[177] Harris G. Implementing smart growth approaches in southwest Atlanta neighborhoods [EB/OL], 2012, http://www. smartgrowth. org/nationalconversation/papers/Harris _ Implementing_ SMART_ Growth_ Approaches_ in_ Southwest_ Atlanta-Neighborhoods. pdf.

[178] Glaeser E, Gyourko J, Saks R. Why is Manhattan so expensive? Regulation and the rise in housing prices [J] . Journal of Law and Economics 2005 (48): 331-369.

[179] Ihlanfeldt K. The effect of land use regulation on housing and land prices [J] . Journal of Urban Economics. 2007 (61): 420-435.

[180] Nnyaladzi B, Brent Y. Elasticity of capital-land substitution in housing construction, Gaborone, Botswana: Implications for smart growth policy and affordable housing [J] . Landscape and Urban Planning, 2011 (99): 77-82.

[181] Ewing R. Characteristics, causes, and effects of sprawl: a literature review [J] . Urban Studies, 2008, 21 (2): 1-15.

[182] Wenze Yue, Yong Liu, Peilei Fan. Measuring urban sprawl and its drivers in large Chinese cities: The case of Hangzhou [J] . Land Use Policy. 2013 (31): 358-370.

[183] Wann M. Wey J. New Urbanism and Smart Growth: Toward achieving a smart National Taipei University District [J] . Habitat International, 2014 (42): 164-174.

[184] Davis , K. Golden, H. Urbanization and the develop-

ment of pre-industrial areas [J] Economic Development and Cultural Change , 1954 (3): 6 – 26.

[185] Graves P. , Sexton R. Over urbanization and its relation to economic growth for less developed countries [J] . Economic Forum 1979, 8 (1): 95 – 100.

[186] Henderson J. Urbanization and Economic Development [J] . Annals of Economics and Finance 2003 (4): 275 – 341.

[187] David E. David C, Günther F. Urbanization and the Wealth of Nations [EB/OL], 2008.

[188] Moomaw R, Shatter A. Urbanization as a factor of economic growth [J] . Journal of Economics. 1993, 19 (2): 1 – 6.

[189] Ciccone A, Hall R. Productivity and the density of economic activity [J] . American Economic Review. 1996 (86): 54 – 70.

[190] Lewis W. Economic development with unlimited supplies of labor [J] . Manchester School of Economic and Social Studies 1954, 22 (1): 39 – 91.

[191] Rannis G. Fei J. A theory of economic development [J] . American Economic Review, 1961, 51 (5): 33 – 65.

[192] Harris J, Todaro M. Migration, unemployment, and development: A two sector analysis [J] . American Economic Review, 1970, 40 (1): 26 – 42.

[193] Tatyana P, Soubbotina K, Sheram A. Beyond Economic Growth: meeting the challenges of global development [M] Petersburg Institute, 2000.

[194] Starrett, David A. Principles of Optimal Location in a Large Homogeneous Area [J] . Journal of Economic Theory, 1974,

9 (4): 18 –48.

[195] Jacobs. The Economy of Cities [M]. New York: Random House, 1969.

[196] Overman H, Venables J. Cities in the developing world [EB/OL]. 2005, http://cep. lse. ac. uk/pubs/download/dp0695. pdf.

[197] Henderson. Urban Development: Theory, Fact, and Illusion [M]. Oxford: Oxford University Press, 1988.

[198] Glaeser E. Are cities dying? [J]. Journal of Economic Perspectives, 1998, 12 (2): 139 –160.

[199] Shukla, V. Parikh, K. The environmental consequences of urban growth: cross national perspectives on economic development, air pollution, and city size [J]. Urban Geography. 1992, 12 (5): 422 –449.

[200] Lee T. Industry decentralization and regional specialization in Korean manufacturing [D]. Brown University, 1997.

[201] Davis C. Henderson. J. Evidence on the political economy of the urbanization process [J]. Journal of Urban Economics, 2003 (53): 98 –125.

[202] Quigley J. Urbanization, Agglomeration, and Economic Development [EB/OL]. 2008, http://www. escholarship. org/uc/item/6tf2s100. pdf.

[203] Bertinelli L, Duncan B. Urbanization and Growth [J]. Journal of Urban Economics, 2004 (56): 80 –96.

[204] Quigle J. Urbanization, Agglomeration, and Economic Development [EB/OL]. 2008, http://www. escholarship. org/uc/item/6tf2s100. pdf.

[205] Glaeser E, Kallal H, Scheinkman J, et al. Growth in cities [J] . Journal of Political Economy , 1992 (100): 1126 – 1152.

[206] Rosenthal S, Strange W. Evidence on the nature and sources of agglomeration economies [J] . Handbook of Regional and Urban Economics, 2004 (4): 2119 – 2171.

[207] Henderson J. Efficiency of resource usage and city size [J] . Journal of Urban Economics. 1986, 19 (1): 47 – 70.

[208] Duranton, Puga. From sectoral to functional urban specialization [J] . Journal of Urban Economics 2005, 57 (2): 343 – 370.

[209] Patricia C, Daniel J, Robert B. et al. meta-analysis of estimates of urban agglomeration economies [J] . Regional Science and Urban Economics, 2009 (39): 332 – 342.

[210] Wheaton W, Lewis M. Urban wages and labor market agglomeration [J] Journal of Urban Economics, 2002 (51): 542 – 562.

[211] Dekle R. Eaton J. Agglomeration and land rents, evidence from the prefectures [J] . Journal of Urban Economics. 1999 (46): 200 – 214.

[212] Krugman P. Increasing returns and economic geography [J] . Journal of Political Economy 1991 (99): 483 – 99.

[213] Baldwin R, Martin P. Agglomeration and Regional Growth [J] . Handbook of Regional and Urban Economics , 2004 (4): 2671 – 2711.

[214] Gallup J, Sacks J, Mellinger A. Geography and Economic Development [J] . International Regional Science Review, 1999 (22): 179 – 232.

[215] Fay M, Opal C. Urbanization without growth: A not-so-

uncommon phenomenon ［Z］. Policy Research Working Paper, No. 2412, The World Bank, 2000.

［216］Jacobs J. Cities and the Wealth of Nations ［M］. New York: Random House, 1984.

［217］Glaeser E, David C, Maré. Cities and Skills ［J］. Journal of Labor Economics. 2001, 19 (2): 316 –42.

［218］Lucas R. On the Mechanics of Economic Development ［J］. Journal of Monetary Economics, 1988 (12): 3 –42.

［219］Mccoskey S, Kao C. A panel data investigation of the relationship between urbanization and growth ［EB/OL］. 1998, http: //128. 118. 178. 162/eps/urb/papers/9805/9805004. pdf.

［220］Chun-Chung Au. Henderson. How Migration Restrictions Limit Agglomeration and Productivity in China ［EB/OL］ 2002, http: //www. nber. org/papers/w8707. pdf.

［221］Kessides C. The Urban Transition in Sub-Saharan Africa: Implications for Economic Growth and Poverty Reduction ［EB/OL］. 2005, http: //www. worldbank. org/afr/wps/wp97. pdf.

［222］Hoover E, Giarratani F. An Introduction to Regional Economics ［M］. NewYork: Knopf, 1984.

［223］Duncan B, Henderson. A Theory of Urban Growth ［J］. Journal of Political Economy, 1999, 107 (2): 252 –284.

［224］Fujita M, Ogawa H. Multiple equilibria and structural transition of non-monocentric urban configurations ［J］. Regional Science and Urban Economics, 1982 (12): 161 –196.

［225］Arzaghi M, Henderson J. "Networking off Madison Avenue ［EB/OL］. 2006. ftp: //ftp2. census. gov/ces/wp/2005/

CES-WP-05-15. pdf.

[226] Helsley, Strange. Matching and Agglomeration Economic in a System of Cities [J]. Regional Science and Urban Economics, 1990 (20): 189 – 212.

[227] Caplin A, Leahy. Miracle on Sixth Avenue [J]. Economic Journal. 1998 (108): 62 – 74.

[228] Romer, Paul M. Increasing Returns and Long-Run Growth [J]. Journal of Political Economy. 1986 (94): 1002 – 1037.

[229] World Urbanization Prospects The 2011Revision [EB/OL]. 2012, http://esa. un. org/unpd/wpp/Documentation/publications. htm.

[230] Mingxing Chen, Weidong Liu, Xiaoli Tao. Evolution and assessment on China's urbanization 1960 – 2010: Under-urbanization or over-urbanization? [J]. Habitat International, 2013 (38): 25 – 33.

[231] Kolomak E. Assessment of the urbanization impact on economic growth in Russia [J]. Regional Research of Russia, 2012, 2 (4): 292 – 299.

[232] Kalarickal J. Urbanization in developing countries [D]. Syracuse University, 2009.

[233] Markus Brückner. Economic growth, size of the agricultural sector, and urbanization in Africa [J]. Journal of Urban Economics, 2012 (71): 26 – 36.

[234] Sakiru A, Solarin M, Shahbaz T. causality between economic growth, urbanization and electricity consumption in Angola: Cointegration and causality analysis [J]. Energy Policy, 2013

(60): 876 - 884.

[235] Dobkins L, Ioannides Y. Spatial Interactions Among U. S. Cities: 1900 - 1990 [J]. Regional Science and Urban Economics, 2001, 31 (7): 01 - 32.

[236] Poot J, Friedrich P. Regional Comption [M]. Heidelberg: Springer-Verlag, 2000: 205 - 230.

[237] Brown H, Joseph R, Burgera, et al. Macroecology meets macroeconomics: Resource scarcity and global sustainability [J]. Ecological Engineering, 2014 (65): 24 - 32.

[238] Nordhaus, W. D. "Lethal model 2: The limits to growth revisited" [J]. Brookings Papers on Economic Activity, 1992 (2): 1 - 43.

[239] Willem P, Gerhardus Z. Defining limits: Energy constrained economic growth [J]. Applied Energy 2010 (87): 168 - 177.

[240] Pugh C. Sustainable cities in developing countries: theory and practice at the millennium [M]. London: Earthscan, 2000.

[241] Seitz J, Kristen A. Global Issues: An Introduction [M]. Massachusetts: Blackwell Publishers, 2002.

[242] Farhad A. The deterioration of urban environments in developing countries: Mitigating the air pollution crisis in Tehran, Iran [J]. Cities, 2007, 24 (6): 399 - 409.

[243] Arku R, Vallarino J, Dionisio K, et al. Characterizing air pollution in two low-income neighborhoods in Accra, Ghana [J]. Sci Total Environ, 2008, 402 (2): 217 - 231.

[244] Roy M. Planning for sustainable urbanisation in fast grow-

ing cities: mitigationand adaptation issues addressed in Dhaka, Bangladesh [J] . Habitat International, 2009, 33 (3): 276 –286.

[245] Dug M, Amitrajeet A. Batabyal. Dynamic environmental policy in developing countries with a dual economy [J] . International Review of Economics and Finance, 2002 (11): 191 –206.

[246] Rietbergen J, Abaza H. Economic Instruments for Environmental Management [M] . London: Earthscan Publication, 2000.

[247] Blackman A, Harrington W. The use of economic incentives in developing countries: lessons from international experience with industrial air pollution [J] . Journal of Environment and Development 2000, 9 (1): 5 –44.

[248] Bell R. Choosing Environmental Policy Instruments in the Real [EB/OL] . 2003, http: //www. oecd. org/env/cc/2957706. pdf.

[249] Assamoi E, Liousse C. A new inventory for two-wheel vehicle emissions in West Africa for 2002 [J] . Atmospheric Environment. 2010, 44 (32): 3985 –3996.

[250] Grossman G. Krueger A. Environmental Impacts of a North American Free Trade Agreement [EB/OL] . 1991, http: //www. nber. org/papers/w3914.

[251] Grossman G, Krueger. Economic Growth and the Environment [J] . The Quarterly Journal of Economics, 1995, 110 (2): 353 –77.

[252] Bruyn S. Explaining the environmental Kuznets curve: structural change and international agreements in reducing sulphur emissions [J] . Environment and Development Economics, 1997 (2): 485 –503.

［253］ Panayotou T. Demystifying the environmental Kuznets curve: turning a black box into a policy tool ［J］. Environment and Development Economics, 1997 (2): 465 - 484.

［254］ Kaufmann R, David B, Garnham S, et al. The determinants of atmospheric SO_2 concentrations: reconsidering the environmental Kuznets curve ［J］. Ecological Economics, 1998 (25): 209 - 220.

［255］ List J, Gallet C. The environmental Kuznets curve: does one size fit all? ［J］. Ecological Economics, 1999 (31): 409 - 424.

［256］ Stern D, Common M. Is there an environmental Kuznets curve for sulfur? ［J］. Journal of Environmental Economics and Environmental Management, 2001 (41): 162 - 178.

［257］ Dasgupta S, Laplante B, Wang H, et al. Confronting the environmental Kuznets curve. ［J］. Journal of Economic Perspectives. 2002 (16): 147 - 168.

［258］ Gallagher K. Foreign Direct Investment as a Vehicle for Deploying Cleaner Technologies: Technology Transfer and the Big Three Automakers in China ［D］. Tufts University, 2003.

［259］ Jeppesen T, List J, Folmer H. Environmental regulations and new plant location decisions: evidence from a meta-analysis ［J］. Journal of Regional Science, 2002. 42 (1): 19 - 49.

［260］ Pearce D. Economics of natural resources and the environment ［M］. New York: Harvester Wheat sheaf, 1990: 215 - 289.

［261］ Oosterhaven J. Broersma L. Sector structure andcluster economies: a decomposition of regional labour productivity ［J］.

Regional Studies, 2007 (41): 631 –659.

[262] Qingsong W, Xueliang Y, Chunyuan M, et al. Research on the impact assessment of urbanization on air environment with urban environmental entropy model: a case study [J]. Stochastic Environmental Research and Risk Assessment. 2012, 26 (3): 443 –450.

[263] Johanna C, Pascale C. The Environmental Kuznets Curve for deforestation a threatened theory? A meta-analysis of the literature [J]. Ecological Economics, 2013 (90): 19 –28.